王春亭 著

咏梅斋号考略

齐鲁书社

图书在版编目（CIP）数据

咏梅斋号考略／王春亭著 . —济南：齐鲁书社，
2015.10
　ISBN 978－7－5333－3407－9

　Ⅰ . ①咏… 　Ⅱ . ①王… 　Ⅲ . ①梅—文化—中国
Ⅳ . ① S685.17

　中国版本图书馆 CIP 数据核字（2015）第 233099 号

咏梅斋号考略

王春亭　著

主管单位	山东出版传媒股份有限公司
出版发行	齐鲁书社
社　　址	济南市英雄山路189号
邮　　编	250002
网　　址	www.qlss.com.cn
电子邮箱	qilupress@126.com
营销中心	（0531）82098521　82098519
印　　刷	山东德州新华印务有限责任公司
开　　本	720mm×1020mm　1/16
印　　张	19.5
插　　页	5
字　　数	239千
版　　次	2015年10月第1版
印　　次	2015年10月第1次印刷
标准书号	ISBN 978－7－5333－3407－9
定　　价	**98.00元**

作者近照

（2015年3月摄于雪山梅园）

中国园艺学会观赏园艺专业委员会

COMMISSION OF ORNAMENTAL HORTICULTURE, CHINESE SOCIETY FOR HORTICULTURAL SCIENCE

《中国历代名人咏梅斋号撷趣》
序

陈俊愉

王春亭先生是我老友,爱梅至深,植
梅成园,刻梅石刻于长廊,修咏梅斋
于园中,真是知梅、爱梅之梅界知己和
有心人。

近年他又花了几年时间,搜集历代私
人咏梅斋号,并简介主人简历及有关书画资
料。真是以工作,以继述先人搞法。我认
为这一工作很有意义,对 推广梅花、宣扬
梅文化乃至促进梅花应用必产生好 作用。

北京林业大学 123 信箱
北京,100083
电话:010-62338312
传真:010-62338935
电子信箱:chenjyme@public.bta.net.cn

P.O.BOX 123, BEIJING FORESTRY UNIVERSITY
BEIJING 100083, P.R.CHINA
TEL:(8610)-62338312
FAX:(8610)-62338935
E-mail:chenjyme@public.bta.net.cn

陈俊愉先生为本书初稿(《中国历代名人咏梅斋号撷趣》)作序

中国园艺学会观赏园艺专业委员会
COMMISSION OF ORNAMENTAL HORTICULTURE, CHINESE SOCIETY FOR HORTICULTURAL SCIENCE

很有帮助的稿若干，以其近著见示，略加翻阅，又非敬佩，爰书数语，以缀谢忱，是为序。

九二叟 陈俊愉 书于
北京林业大学梅菊斋

北京林业大学 123 信箱
北京，100083
电话：010-62338312
传真：010-62338935
电子信箱：chenjymc@public.bta.net.cn

P.O.BOX123, BEIJING FORESTRY UNIVERSITY
BEIJING 100083, P.R.CHINA
TEL.:(8610)-62338312
FAX:(8610)-62338935
E-mail:chenjymc@public.bta.net.cn

陈俊愉先生为本书初稿（《中国历代名人咏梅斋号撷趣》）作序

（陈俊愉先生为中国工程院原资深院士、国际梅品种登录权威、
中国花卉协会梅花蜡梅分会原会长）

序　言

　　前几天接到王春亭先生让我写序的电话，真是受宠若惊！这些年写过几本书及其前言和后记，但从来没有写过序。我知道，能写序的都是"大家""能人"，我只是一粒"小米"，但经不起王先生的一再请求，结果飘飘然之后就答应下来。我虽然没有写过序，倒是读过不少序，尤其是在编写陈俊愉先生80和90华诞文集时，我认真研读过陈先生写的几十篇序，知道一点序里文章。

　　翻开王先生的《咏梅斋号考略》，一股书香扑面而来！也许是自己平时论文看多了，这种有文化品位，散发着墨香、书香的文章看得太少的缘故，感觉尤其强烈！文中的诗词、歌赋、牌匾、对联、书法、古画……不仅图文并茂，而且意境深邃。我手头的稿子是黑白版，正式彩印出版时将更加漂亮！其实这只是表面的现象，仔细看进去，我发现该书还有不少特色。

　　常说文如其人，这里的"文"如能凝缩成两三个字，那肯定是斋号。王先生写的名为梅花斋号，实为梅花人物。许多斋号都写清了名称的缘由，更让人感觉这些以梅花为斋号的前贤们的梅花精神、梅花风骨！换句话说，与其文如其人，不如人斋合一。读着、看着，斋号的主人仿佛跃然纸上，可谓"书中自有梅花仙"！

　　什么是博古通今？王先生博览了1600年以来历朝历代的与梅花相关的文献，获得610多个梅花斋号，这是博古。那何为通今？王先生很不一般,近六七年以来,他走遍了 20 多个省市,亲身探访了绝大部分梅花斋号。他不仅是探访,也是瞻仰,更是考证。展现在面前的文字和照片,让我也感觉身临其境!古人说:"纸上得来终觉浅,绝知此事要躬行。""读万卷书,行万里路。"王先生就是楷模!是为通今。

对历史文化遗产的保护是社会公众的共同责任,这种社会责任感渗透于王先生书稿的字里行间!毫无疑问,古代文献中有记载的梅花斋号的主人,都是为人类社会进步和文化传承做出过贡献的贤者,但他们的斋号大多已破败或无存。对梅花斋号文化的保护和传承不仅仅是梅花斋主后人的责任,也是我们社会公众的责任。无论是弘扬爱国主义教育、地方特色,还是传承乡土文化、"乡愁",这些梅花斋号都是宝贵的载体。我们既要申报和保护世界文化遗产、国家级文物,也要关爱和呵护我们的"乡村级文物""乡村文化遗产"!

记得有人说过,科学的最终贡献是文化。像我这样研究梅花的农学博士,做的工作都是点点滴滴的微末之事,经常是"只见DNA,不见梅花",何时才能走进文化的殿堂?我们的研究都是有课题经费资助的,相比而言,王春亭先生是在用自己的钱研究钟爱的梅花。王先生这样的梅花爱好者做出的贡献,往往比我们这些梅花工作者要大得多!

2015 年 5 月 31 日于玉青斋

(刘青林,中国农业大学教授,中国花卉协会

梅花蜡梅分会副会长)

例 言

一、斋号数量

本书共收集历代咏梅斋号 615 个，笔者对其中的部分斋号重点进行了实地考察、考证和分析研究。

二、斋号内容

斋号分正文和附录两部分。正文部分主要介绍斋号的由来、历史演变和现状等。附录部分主要介绍斋号名称以及斋号主人的籍贯和所擅长的主要领域等。

三、斋号入选标准

一是斋室保存完好或原斋室已无存，后来又恢复重建的，如陆修静的梅花馆、吴镇的梅花庵、朱屹瞻的梅花草堂等；二是斋室虽已年久失修，但现在仍有迹可寻的，如齐白石的百梅书屋、黄少牧的问梅花馆等；三是斋室已无存，但历史典籍记载较详的，如许自昌的梅花墅、吴伟业的梅村等；四是斋号资料虽少，但斋号主人籍贯与主要成就记载比较明确的（主要收录在附录一《历代咏梅斋号一览表》内）；五是斋号主人提供资料较详的（主要是现当代部分）；六是有些斋号，从名称看，不是严格意义上的斋号或别墅称谓，如王圻的梅花源、李锦昌的胡须梅园等，但因主人均在此居住、生活，实际上也是梅花别墅的一种类型，故酌情收录。

四、斋号分布

本书所涉及的 610 多个斋号主要分布在 24 个省、直辖市、自治区的 230 多个县、市、区。需要说明的是，咏梅斋号空缺的省和自治区很可能也有咏梅斋号。但在本书付梓前，笔者虽做过一些努力，并无实质性的发现。

斋号所在地的分布，一般以斋号主人祖籍或出生地为依据进行统计，如元代诗人韦珪，山阴（今浙江绍兴）人，读书处曰梅雪窝。梅雪窝所在地即以浙江绍兴统计。斋号所在地与斋号主人祖籍或出生地不一致时，按斋号所在地统计，如近代画家王一亭，浙江湖州人，生于上海，一生主要在上海工作，故其斋号梅花馆所在地按上海统计。又如著名园艺家陈俊愉先生，祖籍安徽安庆，生于天津，其梅菊斋主要在北京，斋号所在地便以北京记之。

五、斋号主人成分

斋号主人成分具有多面性，有的既是书画家，又是文学家，有的既是政治家，又是诗人、画家，有的是实业家，同时也是收藏家等。本书在分类时，主要以斋号主人的突出成就为依据。如梅花初月楼主人朱升，自幼好学，先后师从陈栎、黄楚望等名家，后开馆于故里、紫阳书院、歙县石门等地，人称枫林先生，有《朱枫林集》10 卷传世；朱升又是著名的政治家，曾为朱元璋提出著名的九字方针"高筑墙，广积粮，缓称王"，故将斋号主人归入政治家类。梅雪山房主人彭玉麟，官至兵部尚书，是清咸丰、同治年间的"中兴名臣"，善诗文，喜画梅，一生画梅不下万幅，因此将其放在书画家类。梅花仙馆主人周庆云，善诗词、绘画、书法，一生收藏书画、金石、古器等颇丰，他又是一位著名的盐业富商，曾出资在浙江余杭超山建造宋梅亭，在杭州灵峰栽植梅花 300 株，修建补梅庵等，故将其归入实业家类。

因此，斋号主人的分类只是一个相对概念，具有一定的交叉性和不确切性。

六、斋号图片

该书收入图片较多，主要由四部分组成：一是保存完好（包括虽年久失修但仍有迹可寻的）的斋号建筑及其有关图片；二是与原来斋号建筑相同或类似的建筑图片，如郑逸梅的纸帐铜瓶室、高野侯在上海的梅王阁，均在城市改造中被拆除，但与其相同的建筑尚存，故将其两处的建筑分别收入，又如夏丏尊在杭州的小梅花屋现已无迹可寻，但他到绍兴上虞春晖中学任教后，在白马湖畔建造的平屋，据说是参照当年自己在杭州租住的小梅花屋的样子设计的，故又将平屋及其相关图片收入；三是斋号遗址图片，有些斋号虽了无痕迹，但其遗址比较明确，如张大复的梅花草堂、许自昌的梅花墅、吴伟业的梅村、王凯泰在福州的三处十三本梅花书屋、赵云壑的十泉十梅之居等；四是斋号主人故居或纪念馆等图片，这些斋号虽有记载，但皆无迹可寻，故将其主人的故居、纪念馆或墓地墓碑等部分资料图片收入，如彭玉麟故居、林则徐纪念馆、石评梅墓碑等。

七、斋号附录

有些斋室，由于年代久远，保存不善，现在已无迹可寻，有的甚至连确切遗址也难以确定。在介绍这部分斋号时，为了让读者对其由来以及当时的规模、影响等方面有较为全面的了解，笔者在斋号后面附上有关文章加以介绍，如元代王昶友梅轩后，附有刘基的《友梅轩记》，明代许自昌梅花墅后，附有陈继儒的《许秘书园记》、钟惺的《梅花墅记》、王韬的《古墅探梅》等。

八、斋号年代划分

以《现代汉语词典·我国历代纪元表》《辞海·中国历史纪年表》等为依据，即：南北朝420—589，宋代960—1279，元代1206—

1368，明代 1368—1644，清代 1644—1840，近代 1840—1919，现当代自 1919 年至今。需要说明的是，凡在某朝代末出生，主要活动在下一朝代者，仍按上一朝代统计。如梅花阁主人吕留良（1629—1683），主要生活在清代，但仍以明代记之，其他亦然。

目 录

序 言 ……………………………………………… 刘青林（001）

例 言 ……………………………………………………（001）

第一章 咏梅斋号的起源与发展 …………………………（001）

第二章 咏梅斋号的地域分布 ……………………………（003）

第三章 咏梅斋号的由来 …………………………………（007）

第四章 咏梅斋号的用途 …………………………………（017）

第五章 咏梅斋号的现状 …………………………………（025）

第六章 咏梅斋号的内容 …………………………………（030）

一、梅花馆（陆修静）……………………………………（030）

二、梅花庵（吴镇）………………………………………（033）

三、梅花屋（王冕）………………………………………（038）

四、梅月书斋（李康）……………………………………（041）

五、友梅轩（王昶）………………………………………（045）

六、梅花初月楼（朱升）…………………………………（049）

七、梅花堂（徐应震）……………………………………（054）

八、梅花源（王圻）…………………………………（058）

九、绣雪堂　崔梅仙馆（王锡爵）………………（060）

十、二雪堂（冯梦祯）……………………………（065）

十一、梅墟书屋（周履靖）………………………（068）

十二、梅花草堂（张大复）………………………（070）

十三、梅花墅（许自昌）…………………………（072）

十四、梅圃溪堂（钱谦益）………………………（080）

十五、梅筑（萧云从）……………………………（084）

十六、梅花书屋（张岱）…………………………（087）

十七、梅村（吴伟业）……………………………（090）

十八、十三本梅花书屋（王式丹）………………（092）

十九、梅寮（马曰琯、马曰璐）…………………（095）

二十、梅花楼（李方膺）…………………………（098）

二十一、梅花书屋（管干贞）……………………（101）

二十二、梅花阁（吴克谐）………………………（103）

二十三、梅竹山庄（章黼）………………………（105）

二十四、补梅书屋（林则徐）……………………（110）

二十五、二梅书屋（林星章）……………………（114）

二十六、梅石山房（黄宗汉）……………………（117）

二十七、大梅山馆（姚燮）………………………（120）

二十八、香雪草堂　四梅阁（潘遵祁）…………（123）

二十九、锄月轩（顾文彬）………………………（125）

三十、梦梅轩　香雪斋（魏燮均）………………（128）

三十一、梅雪山房（彭玉麟）……………………（131）

三十二、守梅山房（傅岱）………………………（135）

三十三、十三本梅花书屋（王凯泰）……………（138）

三十四、百梅书屋（陈迪南）……………………（143）

三十五、梅垞（张謇）……………………………（145）

三十六、百梅书屋（齐白石）……………………（149）

三十七、玉梅花盦（李瑞清）……………………（151）

三十八、十泉十梅之居（赵云壑）………………（154）

三十九、百梅书屋（陈叔通）……………………（156）

四十、百梅楼（凌文渊）…………………………（161）

四十一、万梅花庐（高旭）………………………（164）

四十二、梅王阁 五百本画梅精舍（高野侯）……（166）

四十三、问梅花馆（黄少牧）……………………（169）

四十四、梅花山馆（徐贯恂）……………………（172）

四十五、小梅花屋（夏丏尊）……………………（174）

四十六、梅花书屋（钱孙卿）……………………（177）

四十七、梅花草堂（朱屺瞻）……………………（179）

四十八、梅景书屋（吴湖帆）……………………（184）

四十九、寒香阁 梅屋（周瘦鹃）………………（187）

五十、缀玉轩 梅花诗屋（梅兰芳）……………（190）

五十一、纸帐铜瓶室 双梅花庵（郑逸梅）……（192）

五十二、古梅书屋（查阜西）……………………（197）

五十三、盟梅馆（姚竹心）………………………（199）

五十四、梅窠（石评梅）…………………………（201）

五十五、寒花馆（管锄非）………………………（203）

五十六、劲松寒梅之居（于希宁）………………（206）

五十七、梅菊斋（陈俊愉）………………………（210）

五十八、寒梅阁（姚平）…………………………（213）

五十九、梅兰陋室（蒋华亭）……………………（217）

六十、胡须梅园（李锦昌）………………………（220）

六十一、冷香斋（王勇智）………………………（223）

六十二、伴梅居（严太平） ……………………… （225）

六十三、梅雪村（李敬寅） ……………………… （227）

六十四、青梅草堂（斯舜厚） …………………… （229）

六十五、梅石居（王春亭） ……………………… （231）

六十六、梅斋（柴立梅） ………………………… （236）

附录一　历代咏梅斋号一览表 ………………… （238）
附录二　我的梅园——雪山梅园 ……………… （274）
附录三　雪山梅园记 …………………………… （290）

主要参考书目 …………………………………… （295）
后　记 …………………………………………… （299）

第一章　咏梅斋号的起源与发展

斋号，是斋主人为自己的书房或居室所起的名字。古往今来，中国历代文人雅士、政要才俊大都喜欢为自己的书房或居室取一个富有寓意的名字，或以言志，或以自勉，或以寄情，或以明愿。

梅花，作为中国传统的十大名花之一，她那傲霜斗雪、凌寒怒放，先天下而春、先众木而花的高尚品格，赢得了历代文人墨客的喜爱和敬仰。因此，在他们使用的斋号中，有许多是用梅花命名的。

咏梅斋号的起源，最早见于记载的应是南北朝时期陆修静的梅花馆。

陆修静（406—477），字元德，吴兴东迁（今浙江湖州）人。南朝宋著名道士，早期道教的重要人物。其隐居湖州金盖山时，结庐修习，植梅自给，并将其居所命名为梅花馆。"修静，乌程人，事母至孝。晋衰，不仕，奉母入金盖山。山故多梅，增植之，岁足代耕，榜其居曰梅花馆。"（陈撄宁选录《圆峤真逸诗钞》①）

宋元时期，咏梅斋号的使用有所发展，但仍不多见，主要有宋

---

① 陈撄宁（1880—1969），中国近现代道教领袖人物，仙学创始人。原名元善、志祥，后改名撄宁，字子修，号撄宁子、圆顿子，安徽怀宁人。有"仙学巨子"之誉，道教界敬誉其为"当代的太上老君"。圆峤真逸即陈文述（1771—1843），清诗人。浙江钱塘（今杭州）人。原名文杰，字隽甫，号退盦、云伯，后改名文述，号颐道居士、莲可居士，又号圆峤真逸等。诗学吴伟业、钱谦益，博雅绮丽，著有《碧城仙馆诗钞》《颐道堂全集》等。

代许棐的梅屋、查莘的梅隐庵，元代吴镇的梅花庵、王冕的梅花屋、朱升的梅花初月楼等十几个咏梅斋号。到了明代，咏梅斋号的使用明显增多，比较知名的有王圻的梅花源、张大复的梅花草堂、许自昌的梅花墅、萧云从的梅筑、张岱的梅花书屋等。迄至清代，咏梅斋号使用更盛，形式多种多样，异彩纷呈。历史进入近代以后，咏梅斋号的使用仍绵延不断。时至今日，咏梅斋号在文人雅士中依然盛传不衰。

本书所涉及的历代 610 余个咏梅斋号中，宋以前的 1 个，宋元时期十多个，明代 80 余个，以上约占总数的 16%，清代近 370 多个，约占总数的 61%，近代和现当代 140 余个，约占总数的 23%。

第二章　咏梅斋号的地域分布

咏梅斋号在中国大部分省、直辖市、自治区的分布较广，据不完全统计，全国 610 余个咏梅斋号，主要分布在 24 个省、直辖市、自治区的 230 多个县、市、区，分列如下：

（一）辽宁

1.辽阳　2.铁岭　3.昌图

（二）北京

（三）河北

1.定兴　2.高碑店　3.盐山　4.正定　5.藁城　6.沧州
7.唐山　8.任丘　9.文安　10.清河　11.肃宁

（四）天津

（五）山西

1.汾阳　2.平定　3.阳城　4.闻喜　5.陵川　6.襄汾　7.五台

（六）山东

1. 莱阳　2. 诸城　3. 巨野　4. 日照　5. 潍坊　6. 沂水　7. 海阳
8. 宁津　9. 聊城　10. 济南　11. 郯城

（七）甘肃

1. 华亭　2. 皋兰　3. 武山

（八）陕西

1. 洛南　2. 宝鸡　3. 西安　4. 华阴　5. 岐山　6. 韩城　7. 甘泉
8. 旬阳

（九）河南

1. 商城　2. 开封　3. 鹿邑　4. 扶沟　5. 长垣

（十）安徽

1. 休宁　2. 芜湖　3. 合肥　4. 歙县　5. 桐城　6. 宿松　7. 寿县
8. 泾县　9. 庐江　10. 太和　11. 萧县　12. 安庆　13. 绩溪
14. 池州　15. 全椒　16. 无为　17. 青阳　18. 当涂　19. 定远
20. 凤台　21. 来安　22. 阜南　23. 利辛　24. 蚌埠　25. 黟县
26. 凤阳

（十一）江苏

1. 苏州　2. 昆山　3. 太仓　4. 宝应　5. 无锡　6. 南京　7. 溧水
8. 江宁　9. 常州　10. 宜兴　11. 兴化　12. 泰州　13. 徐州
14. 淮安　15. 高邮　16. 镇江　17. 常熟　18. 如皋　19. 姜堰
20. 丹阳　21. 吴江　22. 扬州　23. 金坛　24. 江阴　25. 沛县

26. 仪征　27. 南通　28. 睢宁

（十二）上海

（十三）浙江

1. 新昌　2. 慈溪　3. 金华　4. 温州　5. 海宁　6. 宁波　7. 江山
8. 仙居　9. 奉化　10. 镇海　11. 诸暨　12. 湖州　13. 海盐
14. 嘉善　15. 绍兴　16. 嘉兴　17. 桐乡　18. 永嘉　19. 杭州
20. 黄岩　21. 乐清　22. 平湖　23. 义乌　24. 临安　25. 余姚
26. 瑞安　27. 象山　28. 平阳　29. 天台

（十四）四川

1. 双流　2. 中江　3. 广安　4. 成都

（十五）重庆

（十六）湖北

1. 赤壁　2. 通山　3. 监利　4. 江陵　5. 仙桃　6. 武穴　7. 武汉
8. 恩施　9. 麻城　10. 安陆　11. 孝感　12. 潜江　13. 黄冈
14. 石首

（十七）贵州

1. 大方　2. 黔西　3. 黎平　4. 仁怀　5. 贵阳　6. 铜仁

（十八）湖南

1. 华容　2. 石门　3. 长沙　4. 衡阳　5. 平江　6. 浏阳　7. 常德

8. 湘阴　9. 醴陵　10. 祁东　11. 湘潭　12. 汉寿　13. 益阳

（十九）江西

1. 丰城　2. 南昌　3. 武宁　4. 吉安　5. 会昌　6. 鄱阳　7. 婺源

8. 峡江　9. 瑞昌　10. 进贤　11. 修水　12. 余干　13. 南丰

14. 南城　15. 新建　16. 新余　17. 清江

（二十）福建

1. 漳州　2. 长乐　3. 漳浦　4. 龙岩　5. 福州　6. 闽侯　7. 泉州

8. 惠安　9. 晋江　10. 莆田　11. 闽清　12. 安溪　13. 福清

14. 永安　15. 龙海　16. 将乐

（二十一）云南

1. 洱源　2. 晋宁　3. 澄江　4. 剑川　5. 会泽　6. 腾冲　7. 弥勒

8. 昆明　9. 保山　10. 大理　11. 鹤庆

（二十二）广西

1. 桂林　2. 全州　3. 灌阳　4. 柳州

（二十三）广东

1. 番禺　2. 佛山　3. 江门　4. 广州　5. 潮州　6. 大埔　7. 东莞

8. 三水　9. 顺德　10. 和平　11. 鹤山　12. 揭阳　13. 惠州

（二十四）台湾

1. 苗栗　2. 淡水　3. 台北

第三章　咏梅斋号的由来

根据咏梅斋号主人的主要成就和所擅长的领域，大致可分为诗人、书画家、文学家、政治家、篆刻家、实业家、藏书家等。初步统计，使用咏梅斋号的主人中，诗（词）人近200人，约占总数的31%，书画、篆刻家近170人，约占总数的27%，文学家（含学者、名士）90余人，约占总数的14%，政治家、科学家、实业家、藏书家等30余人，约占总数的5%，不详者近140人，约占总数的23%。

咏梅斋号的由来根据以下所列大致可分为：

1. 根据所藏物品

有的斋号主人收藏了珍贵的梅花书画、古籍、文物或名石，喜爱至极，特取与之相应的斋号，以资纪念。

清代学者吴蔚光，性嗜收藏图书、法帖、名画等，藏书以万卷计，后来偶得元代王冕《梅花》长卷，珍爱备至，遂名其藏书楼为"梅花一卷楼"。清道光进士黄宗汉在任四川总督时，曾得一梅花石，后差人从四川将此石运回泉州，立于书房前，并因此将书房命名为梅石山房。清金石收藏家、书画家吴大澂，因其藏有王冕的"梅"图和吴镇的"竹"图，便取书斋名为梅竹双清馆。清学者潘遵祁因藏有扬无咎《四梅图》卷，故名其阁曰四梅阁。

近现代画家、鉴赏家高野侯，因藏有前代梅花精品五百轴，便名其居曰五百本画梅精舍，其中以王冕《梅花》长卷最为珍贵，所以名其画室为梅王阁。政治家、爱国民主人士陈叔通得其父亲所藏唐伯虎一幅《墨梅》，引为奇迹。为纪念父亲的爱梅之痴，陈叔通以此幅《墨梅》为基础，千方百计搜求，共购得历代名家画梅300余幅，最后又得到高简的《百梅书屋图》，珍爱非常，故取斋名为百梅书屋。现代绘画大师、书画鉴赏家吴湖帆，因藏有宋伯仁《梅花喜神谱》与汤叔雅《梅花双鹊图》，便名其斋曰梅景（影）书屋。著名京剧艺术大师梅兰芳，先得到"扬州八怪"之一金农所绘的《扫饭僧》真迹一帧，继而又得到金农所书"梅华诗屋"斋额（"华"与"花"通），不胜欢喜，即将金农的一书一画悬挂于书斋，遂名其书斋为梅花诗屋。

2. 根据居住环境

宋代诗人吴龙翰因故乡和家中皆有古梅，故名其居曰古梅窝；宋末诗人许棐隐居海宁秦溪，屋之四檐处遍植梅花，故名其室为梅屋。

元末画家、诗人王冕隐居诸暨九里山时，植梅千株，结草庐三间，自题为梅花屋。

明万历年间首辅王锡爵，其太仓南园是他的赏梅种菊处。因为爱梅，故园中遍植梅花，园中的绣雪堂和崔梅仙馆，就是以厅堂前的梅花命名的。当年，绣雪堂前一片白梅，开花时犹如无边的雪原；崔梅仙馆前原有一株老梅，王锡爵将其扎成鹤形，名为"一只瘦鹤舞"，并将此厅命名为崔梅仙馆。晚明时期著名文学家、佛教居士冯梦祯在西溪永兴寺边的西溪草堂居住期间，曾亲手在永兴寺禅堂前种下两株绿萼梅，禅堂因此被命名为二雪堂。明崇祯十三年（1640）进士张若仲，为官期间清廉简约，明亡后隐居丹山，开辟一片山地，一部分种植果蔬，一部分种上梅竹，清修独善，颐养天年，颜其居曰梅花草堂。

清画家吴克谐（1735—1821）一生未仕，悉心经商，家道富裕后，在宅后小园内栽种数十株梅花，并且以梅花阁命名其所建的居室。著名学者焦循（1763—1820）在故居庭院内手植黄梅一株，围以垣，名蜜梅花馆。诗人黄春谷住扬州徐凝门街双桥巷（一名羊胡巷）时，庭有一奇石，高二尺许，其旁种梅树一株，便题其室为"双桥一石一梅花书屋"。书法家、藏书家徐国揩（1778—1863）曾购绿荫草堂于西郊，栽梅种竹，自得其乐，室名为梅花书屋。清道光进士林星章（1797—1841）书房前有两株梅花，便将其屋命名为二梅书屋。清学者傅岱（1822—1880）在浙江诸暨街亭镇梅岭山下建造了一间房子，督教两个儿子读书，曰守梅山房。文人陈敬斋性嗜梅，乾隆时在扬州城东建构别墅，植梅数十亩，名曰梅庄，郑板桥曾为其撰《梅庄记》以记之。乾隆年间浙西名儒、处州（今浙江丽水）府学教授

郑板桥《梅庄记》

吴懋政"斋前有隙地，植梅一本，老干横枝，华时极芳艳。因构数椽，颜其额曰'梅簃'"（清光绪《处州府志·职官志·吴懋政传》）。

近现代陈迪南，辞官还乡后，在故乡姚家坡置田产，建梅园，室名为百梅书屋。著名实业家、教育家张謇（1853—1926）一生爱梅，民国初年在南通黄泥山西种植大量梅花，称为梅垞（垞，意为低矮的小山丘）。画家、书法篆刻家齐白石（1864—1957）在湖南湘潭梅花寨居住期间，因住处周围梅花繁茂，喜爱至极，特意将书房取名为百梅书屋。画家赵云壑（1874—1955）居住于苏州十泉街时，附近有十口井，园内有梅花十株，于是颜其居为十泉十梅之居。杰出文学家、社会活动家、南社创始人之一高旭（1877—1925）在张堰镇牛桥河旁筑室，房前屋后，遍植梅花，曰万梅花庐、一树梅花一草庐、万树梅花绕一庐等。著名作家、出版家夏丏尊（1886—1946）在杭州弯井巷居住时，因窗前有棵梅树，遂取名小梅花屋。古琴演奏家查阜西（1895—1978）于20世纪40年代在昆明棕皮营居住时，因居所有古梅两株，故将自己的书房取名为古梅书屋。现代书画家王板哉（1906—1994）的寓所在扬州梅岭下史可法祠堂附近，故称自己的居处为梅花岭下人家。画家陈子庄（1913—1976）在故乡荣昌（今属重庆永川）曾建有兰园别墅，兰园内有他亲手栽植的12株梅花，故室名曰十二树梅花书屋。

3. 根据他人题赠

元末明初著名学者、政治家朱升（1299—1370），为朱元璋提出影响深远的九字方针"高筑墙，广积粮，缓称王"之后，朱元璋非常喜悦，根据朱升的要求，题"梅花初月"匾额赐之，朱升遂将书楼名为梅花初月楼。

清著名思想家、著作家阮元次女阮安，自幼聪颖，十多岁时，按照父亲的要求，写了100首咏梅诗歌，题为《广梅花百咏》。阮元非常喜欢，专门为这本诗集题跋，并将阮安的书房称之为百梅吟馆。

近现代著名作家黄秋耘（1918—2001），其书斋原未取名，香港作家彦火造访后，在访问记中把黄秋耘的书室称作梅庐，以"梅"赞其品格之高洁。黄秋耘遂默认此斋号，并沿用至终。

4. 根据喜欢之人

宋代吴感，字应之，江苏苏州人。天圣二年（1024）进士，官至殿中丞，工诗，以文知名。吴感身边有一位十分宠爱的侍妓，名叫红梅，能歌善舞，也非常爱梅，且常伴其左右，故吴感在庭院中栽植红梅数株，将书房命名为红梅阁。

清著名军事家、书画家彭玉麟，早岁恋人梅仙病逝后，万分悲痛，为了纪念梅仙，便毕生画梅、咏梅。彭玉麟所画梅花常盖有"英雄肝胆儿女心肠""一生知己是梅花""古今第一伤心人"等印章，以此来寄托自己的情思。其室名梅雪山房，即取"梅仙"和"雪琴"（彭玉麟号）中"梅""雪"二字为之。

近代著名教育家、书法家李瑞清，年轻时长得方面大耳，英俊潇洒，加之能书善画，才气出众。李瑞清父亲的朋友余作馨对之深为赞赏，遂将大女儿玉仙许配给瑞清，但受聘后不久病逝。余先生又慨然将二女梅仙许配给他，不料梅仙后难产而亡。余先生又执意把小女嫁给李瑞清，却又先于李瑞清而亡。李瑞清连遭不幸，发誓今生再不婚娶，自题斋名玉梅花盦（从几位夫人名字中各取一字），以纪念早逝的三位夫人。著名美术家、艺术教育家陈师曾（1876—1923），工画，精篆刻，善诗文。陈师曾虽英年早逝，却一生悼亡两次、续娶两次。1894年，陈师曾与南通范伯子之女孝嫦结婚，其名"菊英"，1900年菊英去世。1906年，陈师曾在汉阳与春绮结婚，其名"梅末"，梅末于1913年又病逝。陈师曾悲痛之余，从二亡妻名中各取一字，名其居为鞠（通"菊"）梅双景盦，以示其追念缅怀之情，并自镌"鞠梅双景盦"室名印。

当代书法家严太平（1945—　），因喜欢梅花傲霜斗雪的气概，加之夫人的名字又叫王梅花，故颜其居曰伴梅居。

5. 根据爱梅情结

有些文人雅士视梅为知己，吟之、咏之、写之、画之，其室名斋号更体现了主人的一片爱梅之情。

元末王昶曾隐居杭州皋亭山，孤高正直，痴爱梅花，以梅为友，住所四周栽植梅树，居室名为友梅轩。

明代顾谦，江苏仪征人。建文二年（1400）进士，为官期间政绩卓著，工文史，室名爱梅轩。

清诗人顾柟（1726—？），浙江慈溪人。工诗，喜藏书，室名伴梅草堂。

清书画家潘奕隽（1740—1830），江苏苏州人。乾隆三十四年（1769）进士，官至工部主事。工书法，善山水，写意花卉梅兰尤得天趣。室名探梅阁。画家汤贻汾（1778—1853），江苏常州人。精山水、花卉，亦善梅竹、松柏。后寓居南京，住所为琴隐园，园中有梅树丛、幽篁修竹等诸胜。画室为画梅楼。才女朱静霄，湖北通山人，室名爱梅阁。幼读诗书，青年丧夫，居家守节，常在爱梅阁周围徘徊，以研读古籍和吟诗作赋来排解内心的痛苦，著有《爱梅阁诗集》。隐士盛万纪，上海人，工文史。甲申之变后，遂弃儒服，躬耕东郊。建茅屋三间，屋前植梅，署曰友梅轩。

近现代政治家、书法家于右任（1879—1964），陕西三原人。因爱梅，便将自己在台湾的别墅命名为梅庭。著名画家陶冷月（1895—1985），善山水、花卉、走兽、游鱼，尤擅画月夜景色。中国有五大古梅，即楚梅、晋梅、隋梅、唐梅、宋梅。其中，唐梅、宋梅在杭州超山。陶冷月于1932年曾绘唐梅《暗香疏影》，1933年又绘宋梅《疏影暗香》，后因此名其斋曰双梅花馆。著名教育家胡叔异（1899—1972），江苏昆山人，南社著名诗人、江南宿儒胡石予次子。终身从事儿童教育研究。抗战时期，胡叔异供职重庆时，事务清闲，绝少酬酢，于是发愿画梅，以纪念亡父（其父胡石予，能诗善文，又工丹青，尤擅画梅），规定日画一幅，因颜其居为"一日一树梅花斋"。

6. 根据梅花梦境

清"花甲状元"王式丹（1645—1718）在京城任职期间，一日在梦中见到一个梅花满庭、幽若仙境的地方，一位老者用杖指着梅树说："这十三株梅花送给你。"醒来后，王式丹立即请著名画家禹之鼎依照梦境绘制了《十三本梅花书屋图》，并将居室命名为十三本梅花书屋。诗人、书法家魏燮均，清道光十年（1830）某一天，梦见友人邀己探梅，他们走入几间茅屋中，见九株梅花绕屋，门楣上有一额，曰"香雪斋"，落款"九梅主人题"，室内窗明几净，幽雅别致。此后，魏燮均便以梦梅轩、香雪斋作为自己的斋号。

近代浙南名士黄光（1872—1945），浙江平阳人。黄光自小天资聪颖，好学不倦，兴趣广泛，多才多艺，一生对经史、诗词、图画、书法、篆刻均有所钻研。据说，黄光出生之夜，其父梦见一位自称花光僧的和尚，携梅花画册来访。宾主叙谈间，忽闻后房传来婴儿啼哭声，黄父从梦中惊醒，正巧仆人来报婴儿已出生。黄父非常惊讶，疑为花光僧转世，故为儿子取名黄光，字梅僧、梅生。后来，黄光将其室命名为玉梅花馆。

7. 根据高洁梅格

梅花，以其清新淡雅的花香，孤、疏、瘦、古的形态，历来为文人士大夫所喜爱。因此，文人士大夫的斋号室名有许多是以赞美梅花特质的词语命名的。

明戏曲理论家王骥德（1540？—1623），室名香雪居。学者胡时忠室名冷香斋等。明末高士徐介酷爱白梅之"梅英粲然，琼瑶比洁"，故身着白色衣冠50年，以"贞白"名其斋。

清康熙六年（1667）进士、清朝大臣张英，室名香雪草堂。张英酷爱树木花卉，对种植之道也颇为精通。他在《香雪草堂记》中说："予生平酷嗜种树，常欲得闲壤一区，梅李桃杏之属，各以其类分布柯干，不使杂处。俾其掩映交错、尽态极妍，为足纵观览之乐。"书画家许琛（1731—？），工书善画，书法酷似董其昌，是一代才女。婚后在居所周围遍植梅、竹，自题匾额曰"疏影"。谢金銮（1757—1820），室名梅花小隐山斋。嘉庆十九年（1814）进士贺熙龄（1788—1846），室名寒香馆。医学家何昌梓（1827—1880），工诗，精医学，室名香雪轩。诗人志润（1837—1894），室名暗香疏影斋。篆刻家、画家王贻燕，室名香雪山房。

现代学者余空我（1898—1977），室名冷香簃。新闻时评家、政论家刘光炎（1903—1983），室名梅隐盦。画家管锄非（1911—1995），室名寒花馆。

8. 化用诗词佳句

有些文人雅士的室名斋号是化用前人或自己的诗词佳句来命名的。

清康熙五十一年（1712）进士、诗人程梦星（1678—1747），1716年从京城回到扬州,动用经营盐业积累的资金构筑私家园林——筱园。筱园里有梅树八九亩，其间有亭，曰修到亭（筱园十景之一），取谢枋得"几生修得到梅花"之意。程梦星曾写《梅花十咏诗》，即忆梅、梦梅、寻梅、乞梅、折梅、嗅梅、浸梅、浴梅、惜梅、赏梅，描写自己对梅花的深情。道光二年（1822）进士蒋启敫（1795—1856），广西全州人，工诗文，室名问梅轩，取意于唐王维《杂诗》其二："君自故乡来，应知故乡事。来日绮窗前，寒梅著花未？"

爱梅之情，溢于言表。画家管庭芬（1797—1880），浙江海宁人，工诗文，擅画山水，尤擅画兰竹，精鉴赏。管庭芬室名较多，主要有一枝轩、花近楼、听雨小楼、锄月种梅室等。宋代刘翰《种梅》诗中有"惆怅后庭风味薄，自锄明月种梅花"句，管庭芬把植梅视为陶情励操之举和归田守志之行，故颜其居曰锄月种梅室。词人曹毓瑛的锄月馆，文人戴文灿的锄月种梅花馆、种梅书屋等也取意于此。扬州文人王文枢，取唐杜甫"东阁官梅动诗兴，还如何逊在扬州"句，以"官梅堂"颜其居，体现了斋号主人对何逊等人的仰慕之情和对梅花的喜爱之心。诗人李大复室名数点梅花草堂，取意于宋代翁森《四时读书乐》之《冬》"读书之乐何处寻，数点梅花天地心"。

近代书法篆刻家黄少牧的居室问梅花馆，取自冯钤（乾隆进士，官至安徽巡抚）题园圃联："为恤民艰看菜色，欲知宦况问梅花。"文史掌故大家郑逸梅将书斋命名为纸帐铜瓶室，是因前人的梅花诗颇多使用"纸帐""铜瓶"（纸帐是用藤皮茧纸做的帐子，帐上常画梅花为饰；铜瓶是指插梅花的花瓶）的缘故。著名京剧表演艺术家梅兰芳的"缀玉轩"是根据南宋文学家姜夔《疏影》首句"苔枝缀玉"而来。学者王勇智先生的冷香斋，取意于唐代诗人朱庆余《早梅》"艳寒宜雨露，香冷隔尘埃"诗句。

9. 沿袭前人斋号

清乾隆三十一年（1766）进士管干贞（1734—1798），江苏常州人。工文史，善花鸟，居官清廉，耿直无私，罢官后隐居于故乡常州，并建锡福堂（即管干贞故居）。管干贞在锡福堂内种植梅花、石榴等，书房仍沿用其四世祖管滋琪的斋名——梅花书屋。嘉庆十三年（1808）进士、天文学家张作楠（1772—1850），浙江金华人，曾任处州府（今浙江丽水）府学教授，桃源、阳湖知县，徐州知府等。张作楠在任处州府学教授前，从朋友处得知，处州教授署原有先贤吴懋政治学修身的书斋——梅簃。于是，张作楠一到处州，就四处寻觅梅簃。可惜吴懋政离任后，梅簃被弃毁，已成了一块荒芜之地。张作楠便亲自动手，将其修葺一新，仍颜其室曰"梅簃"，作为自己任上的书斋。画家汤绶名（1802—1846），江苏常州人，居南京，清代著名画家汤贻汾长子。汤绶名的父母（汤贻汾、董婉贞）皆爱梅、画梅、咏梅，其画室名为画梅楼。汤绶名受家庭环境的熏陶，精四体书，工铁笔，善墨梅、山水等，其画室仍使用父亲的画室名——画梅楼。画家汤涤（1878—1948），是汤贻汾的曾孙，早年长居北京，晚年定居上海，工书善画，擅写山水、仕女，尤擅画松、竹、梅。汤涤的画室仍沿用曾祖父汤贻汾、伯祖父汤绶名使用的斋号，以画梅楼名之。道光三十年（1850）进士王凯泰（1823—1875），江苏宝应人，累官至广东布政使、福建巡抚等，工诗。王凯泰五世伯祖、康熙四十二年（1703）状元王式丹，室名十三本梅花书屋。当时，王式丹曾请名家为其绘制《十三本梅花书屋图》，并广征诗文，一时传为佳话。王凯泰任广东布政使期间，依样在广州所建的应元书院内建十三本梅花书屋，并自题书屋匾额。后来，王凯泰任福建巡抚期间，又在福州城南公园、西湖书院与乌石山等处相继三次建造了十三本梅花书屋。

第四章　咏梅斋号的用途

咏梅斋号的用途多种多样，主要有以下几种形式：

1. 住所

住所，即一个人在一定时间内居住的处所。历代咏梅斋号的用途，以住所居多。比较著名的有：

宋末诗人许棐的梅屋，高士查莘的梅隐庵。

元代画家吴镇的梅花庵，诗人王冕的梅花屋，隐士王昶的友梅轩。

明代理学家胡居仁的梅溪山室，学者周复俊的六梅馆，戏曲家张大复的梅花草堂，琴家徐谼的梅花庵，画家萧云从的梅筑等。

清代"花甲状元"王式丹的十三本梅花书屋，画家李方膺的梅花楼，学者、诗人宋宗元的梅花铁石山房，画家、藏书家潘奕隽的探梅阁，戏曲理论家、哲学家焦循的蜜梅花馆，画家张培敦的石室梅堂，篆刻家徐同柏的松雪竹风梅月之庐，词人顾翎的绿梅影楼，金石学家刘喜海的十七树梅花山馆，地方志专家、教育家

徐同柏"松雪竹风梅月之庐"（张廷济书）

林星章的二梅书屋，画家管庭芬的锄月种梅室，岭南名士罗天池的铁梅轩、修梅仙馆，画家潘遵祁的香雪草堂，诗人、书法家魏燮均的梦梅轩等。

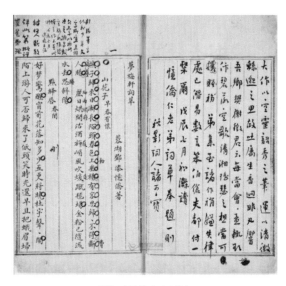

邓溁《梦梅轩词草》

近代诗人、官吏唐景崧的五梅堂，书画家、诗人邓溁的梦梅轩，实业家、教育家张謇的梅垞，词人、学者况周颐的第一生修梅花馆，目录版本学家叶德辉的双楳景闇，国学大师罗振玉的梅花草堂，爱国人士张一麐的古红梅阁，书画家、教育家李瑞清的玉梅花盦，书画篆刻家陈师曾的鞠梅双景盦，书画家、经济学家凌文渊的百梅楼，爱国民主人士陈叔通的百梅书屋，文学家高旭的万树梅花绕一庐，作家、出版家夏丏尊的小梅花屋，画家朱屺瞻的梅花草堂，画家王板哉的梅花岭下人家等。

现当代主要有书画家于希宁的劲松寒梅之居，篆刻家杨白匋的红梅馆，画家曹铭的一枝

梅花草堂主人临晋唐小楷（罗振玉题署）

斋，书法家、散文作家陈清狂的真如落梅花楼，画家王成喜的香雪斋等。

2. 书房（画室）

书房，是文人雅士的精神空间。在这方小小的天地里，文人们可读书抚琴，吟诗作画，可会友议事，品茗赏器，可焚香习字，执棋对弈，如闲云野鹤，悠然自得。一般来说，文人都有自己的书房，并且都喜欢为书房取一个饶有情趣的名字，以表明志向，寄托情怀。有些文人雅士的书房（画室），就是用与梅花有关的词语命名的。比较著名的有：

元代学者、政治家朱升的梅花初月楼，诗人林弼的梅雪斋，诗人韦珪的梅雪窝，文人李康的梅月书斋等。

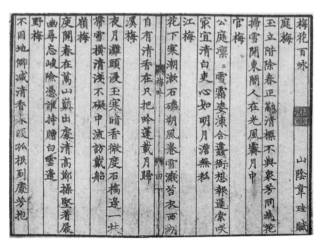

韦珪《梅花百咏》书影

明代学者、画家杜琼的三友轩，文学家张岱的梅花书屋。

清代诗人顾枫的伴梅草堂，画家管干贞的梅花书屋，天文学家张作楠的梅簃，诗人、画家汤贻汾的画梅楼，诗人阮安的百梅吟馆，道光十五年（1835）进士、爱国官员黄宗汉的梅石山房等。

近代书画家金尔珍的梅花草堂，学者管鸿词的梅花阁，画家庄曜孚的六梅室，社会活动家钱孙卿的梅花书屋，京剧艺术大师梅兰芳的梅花诗屋，作家郑逸梅的纸帐铜瓶室等。

现当代著名园林学家、国际梅品种登录权威陈俊愉的梅菊斋，作家黄秋耘的梅庐，画家、红学家冯其庸的古梅书屋，诗人、书画家陈君励的爱梅庐，诗人、辞赋家姚平的寒梅阁等。

3. 别墅

别墅，是住宅以外供主人游玩休养的房屋。文人墨客多有以"梅"命名者，如明代王圻的梅花源、许自昌的梅花墅、吴伟业的梅村，清代章黼的梅竹山庄、陈敬斋的梅庄等。

4. 客厅

如明万历年间首辅王锡爵南园中的主厅——绣雪堂、花厅——崔梅仙馆，清盐业家马曰琯、马曰璐的梅寮，现代京剧艺术大师梅兰芳的缀玉轩，当代著名园艺学家陈俊愉的梅菊斋（兼书房）等。

5. 藏书楼（室）

藏书楼，是古代供藏书和阅览图书用的建筑。中国最早的藏书楼始见于汉代宫廷，随着造纸术的普及和印本书的推广，宋朝以后，民间有些藏书家也开始建造藏书楼，其中有的藏书楼就是以梅花命名的。比如：

明代戏曲家、文学家许自昌梅花墅内的梅花庵，藏书万卷。其长子许元溥受父辈影响，喜购书、藏书，自号千卷生，将其父藏书室改名为梅藏庵，藏书颇富。

清文学家、藏书家吴蔚光（1743—1803），字哲甫，号执虚，自号竹桥，别号湖田外史。安徽休宁人，寄籍江苏常熟。吴蔚光擅长古文，诗词尤佳，乾隆进士，官至礼部主事，后因身体不佳，辞官归乡（常熟）。吴蔚光居家20多年，潜心读书著述，善治古文，兼长骈体，而于诗词最擅长，性嗜收藏图书、法帖、名画，藏书以万卷计。他曾将家中书楼命名为"素修堂"，后来购得元王冕《梅花》长卷，珍爱备至，遂以"梅花一卷楼"名其藏书室。篆刻家、书画家瞿中溶（1769—1842），字木夫，又字镜涛，号苌生，晚号木居士，上海嘉定人。嘉庆十九年（1814）进士，官湖南布政司理问。博览群书，精通金石学，为搜集石刻遍访穷乡僻壤，所获益多。藏书楼有"古泉山馆""奕载堂""九井斋""梅花一卷楼""铜象书屋""绿镜轩""闲闲斋"等，金石、字画、古籍庋藏数间，且多善本。诗人刘履芬（1827—1879），字彦清，一字泖生，号沤梦，祖籍浙江江山，随父客居江苏苏州。幼承家教，酷爱诗词，通晓音律，为文典雅深厚，性嗜书，每遇善本不惜重金购求，有不能购者，便手自抄录。藏书屋名古红梅阁，书籍环列，篋满架溢，藏书富极一时。藏书家赵宗建（1828—1900），字次侯，咸丰时官至太常寺博士，平时主要工作是管理皇家图书。太平天国时期，社会动乱，文物流散严重，赵宗建凭着精熟的眼力、确切的考究，经过刻意搜寻、收购，加上祖先藏书，搜罗了大量的秘本、精本。1885年，赵宗建开始修葺半亩园，在园东地势最高朗处，建三楹"旧山楼"为藏书处，与旧山楼相接连的建筑为"梅颠阁"，专藏珍贵书籍，一般不轻易示人。另外，清代还有篆刻家、画家王贻燕的香雪山房，画家许德媛的疏影楼，诗人吴文炳的香雪山庄等。

近代南社巨擘高吹万（1878—1958），名燮，字时若，又字吹万，与常州钱名山、昆山胡石亭合称"江南三名士"。高吹万一生嗜读，藏书30万卷，是江南名重一时的藏书家，藏书处曰梅花阁，另有可读斋、吹万楼、方寸铁斋等藏书之所。

6. 刻书堂（室）

刻书业是中国古代手工业中的一个特殊行业，它是一个由刻书主持者、编校人员和大批制版工、写工、刻工、印工、装背工等分

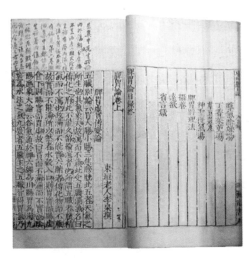

朱宠瀼梅南书屋刻本《东垣十书》

工合作组成的庞大刻书群体，绵延数百年之久。中国古代出版的书籍大都是刻书。其中由官府刻印的书称"官刻本"，由私家刻印的书称"家刻本"或"家塾本"，由书商刻印的书称"坊刻本"。

明代辽藩朱宠瀼的梅南书屋即刻书室名。明嘉靖八年（1529），朱宠瀼以梅南书屋名义刊刻了《东垣十书》，这是一部医学丛书，共收录宋、金、元医家著作10种，故题名"十书"。其中李杲所著三书《内外伤辨》《脾胃论》《兰室秘藏》是研究中医的重要著作。

清汪森（1653—1726），字晋贤，号碧巢，浙江桐乡人，原籍安徽休宁。清初著名文人、藏书家，浙西词派倡导者之一。历任广西临桂、永福、阳朔知县，桂林府通判等，为官多惠政。汪森自幼好学，文采出众。汪氏三兄弟都是当时比较著名的学者，同时因藏书而名盛，世称"汪氏三子"。梅雪堂为汪森刻书堂号。康熙四十四年(1705)，汪森于梅雪堂刊刻自行编辑了《粤西诗载》25卷、《粤西文载》75卷附《粤西丛载》30卷，传于世。

7. 教书处

明末清初著名学者、思想家吕留良的祖居友芳园，为其曾祖父吕相所建。友芳园内有著名的"瞻云楼""许归堂""天盖楼""梅花阁"等建筑，其中梅花阁即为后辈读书和教师活动的场所。顺治十八年（1661），吕留良的二哥吕茂良担心吕留良社交活动过多会荒废学业，便让吕留良携子侄辈在梅花阁读书。这期间，吕留良著有《梅花阁斋规》一书，集中反映了他以"育人"为中心的教育思想。

清朝后期政治家、思想家林则徐，会试落第回乡后，在福州北库巷开班授徒。他把自己教书的小屋取名为"补梅书屋"。

8. 禅堂

禅堂，"坐禅堂"的略称，专指众僧坐禅用的堂室。

明万历年间，文学家、佛教居士冯梦祯政治失意后定居杭州。其间，他曾多次游览西溪，被西溪"冷、野、淡、雅"的意境所吸引，晚年在西溪永兴寺旁建了一处别墅——西溪草堂。此时，永兴寺已废圮多年，冯梦祯便出资重建永兴寺，并亲手在禅堂前栽下两株绿萼梅。禅堂也因此被命名为"二雪堂"。

9. 祠堂

祠堂，是族人祭祀祖先或先贤的场所，旧时称"祠庙"或"家庙"，多建于墓所，故又把祠堂称为"墓祠"或"祠室"。

1920 年，近代著名书画家、教育家李瑞清去世后，其同乡挚友曾熙、学生胡小石（后为南京大学中文系教授）等为其选择墓地，将他安葬于南京南郊牛首山雪梅岭罗汉泉边，在墓旁建祠堂"玉梅花盦"精舍数间，堂内设一长几，几上供奉清道人牌位，墙上悬挂李瑞清道装遗像，两侧有曾熙和谭延闿题写的对联，祠堂周围栽植梅花数百株等。遗憾的是，2011 年 8 月笔者到此考察时，李瑞清墓旁的祠堂——"玉梅花盦"和周围的梅花已荡然无存，李瑞清当年静卧一片梅林之中的情景已难以想象了。

10. 店号

清代徽商曹耆瑞（1834—1904），号庸斋，是农学家、教授曹诚英（1902—1973）之父，靠经营文具、装裱字画起家。曹耆瑞承继徽州少年外出经商之风俗，行走于湖北、四川等城乡，走村串户，沿门兜售，历尽艰辛，稍有积蓄后，带着妻子离开四川来到武汉，租下一家店面，开设笔墨文具店，店号为"师竹友梅馆"，主要出售徽墨、湖笔及其他文化用品，后扩大经营范围，经营苏裱（又称"吴装"，苏州装裱字画的技艺，是中国裱画的主要派别之一）、对联、字画、寿屏、扇面、册页等。曹耆瑞"贾而好儒"，乐于助人，晚年资助家乡办教育，重视子弟学业等，为乡里一代师表。

11. 闺房

在中国传统文化中，未婚女子的住所称作"闺房"，是青春少女坐卧起居、练习女红、研习诗书礼仪之所在。

南社后期主任姚光有三个妹妹，大妹姚竹漪，二妹姚竹修，三妹姚竹心，她们出嫁前都有自己的闺房，三妹姚竹心的闺房名为"盟梅馆"。姚竹心是当时上海金山为数不多的女诗人之一，其诗清新典雅，后来她与高垿结婚时，长兄姚光为她出版了"闺房诗集"——《盟梅馆诗》，作为嫁妆，并为其写序，姚竹心的大姐、二姐也都写了序言，一时传为佳话。

12. 修道所

修道所，即为道教修炼的场所。

浙江湖州城南金盖山有一处胜迹——古梅花观，俗称云巢庙，是道教重要宗派全真教龙门派在江南的活动中心。南宋元嘉（424—453）初，道祖陆修静爱此山有灵气而到此隐居，其修道所名为梅花馆，即现在的古梅花观。

第五章 咏梅斋号的现状

1. 保存较好

从笔者近几年来的考察情况看，目前保存较好的咏梅斋号主要有两种情况。

一是在原来的基础上不断修缮或扩建的。

如南北朝时期著名道士陆修静的古梅花观，元代画家吴镇的梅花庵，清代地方志专家林星章的二梅书屋，现代社会活动家钱孙卿的梅花书屋，著名画家朱屺瞻的梅花草堂（江苏太仓），姚竹心的盟梅馆等。

古梅花观位于浙江湖州城南的金盖山下，始建于南朝宋元嘉初年，因南朝道士陆修静在此植梅修炼而得名。清咸丰十一年 (1861)，古梅花观因兵燹被毁，仅存崇德堂。同治九年 (1870) 开始重建古梅花观，同治十三年（1874）竣工。光绪十六年（1890），清官员、藏书家沈秉成和南浔富商邱氏在主体建筑东南合建"大悲阁"。光绪二十九年（1903），湖州富商俞世德在主体建筑西南建"怡云院"，沈秉成又在"大悲阁"后建"净尘庐"等。清末民初，古梅花观又有较大扩建。现在古梅花观共有建筑物 130 多间，是江南较大道观之一、湖州市重点文物保护单位。

梅花庵位于浙江嘉善城内。据梅花庵碑文等文献记载：梅花庵最早由道士徐氏于明万历十六年、十七年（1588—1589）为守墓而建，分前殿、后殿，北面原为僧舍。明泰昌元年（1620）嘉善县令吴旭如和举人钱士升于原址重建堂三楹、亭三楹、僧舍五楹，明代书画家董其昌题"梅花庵"匾额，文学家、书画家陈继儒作《修梅花庵记》记之。以后历代均有修葺。近年来，当地政府有两次比较大的修葺与扩建：一次是1990年，嘉善为纪念吴镇诞辰710周年，将古刹梅花庵修缮一新，主要景点有吴镇墓、梅花庵、梅花亭、八竹碑、草书心经碑、梅花泉、洗砚池以及吴镇花岗石雕塑像、吴镇陈列室、渔父图碑廊、竹谱碑廊等；另一次是2000年，为纪念吴镇诞辰720周年，嘉善县人民政府拨款200余万元，建成吴镇纪念馆新馆，新馆与梅花庵、吴镇墓等古建筑相协调，成为江南一大旅游胜地。

二梅书屋是清道光六年（1826）进士、地方志专家林星章的书房，现在人们将林星章故居整座院落统称为"二梅书屋"。二梅书屋前门开在郎官巷，后门开在塔巷，坐南朝北，是一组单层土木结构的屋子，占地2000余平方米，是福州最著名的古书屋之一。该院落始建于明末，清道光、同治、光绪以及民国年间均有修缮。最近一次大的修复是2007年下半年启动的，修复后的二梅书屋占地面积近3000平方米，总投资1700多万元。二梅书屋现在被定位为"福建民俗博物馆"，是全国重点文物保护单位。

朱屺瞻有三个梅花草堂：第一个是1932年在故乡太仓浏河镇的梅花草堂，第二个是1937年太仓沦陷朱屺瞻避居上海后，于1946年在上海南市淘砂场果育堂街建的梅花草堂，第三个梅花草堂是1959年朱屺瞻迁居上海巨鹿路（现820弄12号）的住所。南市淘砂场附近的梅花草堂已无迹可寻，上海巨鹿路梅花草堂也早已易主，现在保存最好的是太仓浏河镇的梅花草堂。浏河镇的梅花草堂坐落于太仓浏河公园内，始建于1932年。草堂建成后，齐白石、沈尹默、黄宾虹、潘天寿等十多位艺术家先后为"梅花草堂"赋诗作画，留下许多艺坛佳话。1991年朱屺瞻百岁时，浏河镇政府将梅花草堂整修一新，计一院五室，分为展厅、画室、会客厅等，2011年在此基础上进一步扩建。现在的梅花草堂（朱屺瞻纪念馆）占地面积6亩多，建筑面积近600平方米，曲径通幽，暗香浮动，古色古香，雅趣盎然。

二是原来的斋号建筑已无存，后来重建的。

如明代内阁首辅王锡爵的绣雪堂、崔梅仙馆，明末文坛领袖钱谦益的梅圃溪堂，明代隐士徐应震的梅花堂，清代文人章黼的梅竹山庄等。

明万历年间（1573—1620），王锡爵在江苏太仓建造别墅——南园，占地30余亩。主要建有"绣雪堂""潭影轩""香涛阁""崔梅仙馆"等诸胜。清初，王锡爵之孙、画家王时敏与叠山大师张南垣又合作加以增拓。乾隆时该园荒芜，嘉庆、道光年间重建，同治时有所修缮，后逐渐破旧，日本帝国主义侵略中国时又遭到破坏，新中国成立后一度被辟为苗圃。改革开放后，南园曾被深圳一家公司相中，买去准备开发房地产，后经有识之士呼吁，市政府出面重金收回，并决定恢复南园。1998年，太仓市政府按原照片、图纸进行设计规划，逐步给予恢复。目前已恢复了"门楼""绣雪堂""香涛阁""大还阁""崔梅仙馆""寒碧舫""潭影轩"等18处景点。

梅圃溪堂是钱谦益拂水山庄的主要景点之一。拂水山庄原址位于江苏常熟虞山西麓拂水岩下，是钱谦益的一处别墅，也是他和柳如是爱情的见证地。明末清初，钱谦益和柳如是在此赏梅，继而定情。原来的拂水山庄及其所属景点早已荡然无存。21世纪初，当地政府在常熟尚湖风景区重建拂水山庄，并恢复了其中的明发堂、秋水阁、耦耕堂、朝阳榭、花信楼和梅圃溪堂等，再现了当年钱谦益和柳如是的生活场景。

梅花堂坐落在江苏张家港小香山，初建于宋代。明朝末年，徐应震辞去官职，隐居小香山时，梅花堂已毁。徐应震在小香山结庐建房，并在堂四周种植梅竹，亦称梅竹堂，后毁于战火。随着时光的流逝，到了 20 世纪 50 年代后期，梅花堂和周边的洗砚池等均已无存，四周梅花亦渐渐稀少。2005 年，当地政府采取措施开发旅游资源，现已恢复了梅花堂等建筑。新的梅花堂以其古朴的造型、宁静的氛围和深邃的神韵屹立于香山东峰之上，笑迎四海嘉宾、八方来客。

梅竹山庄是清代文人章黼的别墅，位于杭州西溪，始建于 1803 年，后来在太平天国运动中被毁。2003 年，杭州市委市政府建设西溪湿地综合保护工程时，将梅竹山庄修复，与西溪梅墅、西溪水阁等景点共同构成西溪梅竹休闲区。

2. 年久失修

这些建筑虽然还存在，但是因年久失修而破旧、垮塌，面临逐步消失的危险。比如齐白石的百梅书屋——湖南湘潭白石乡白石村梅公祠，因建造时用的是土墙，后经风吹雨淋塌掉一部分，现在已很破败了。

安徽黟县黄村黄少牧的问梅花馆，目前虽有村民居住，但由于年久失修，房屋的油漆早已脱落，门窗也明显破损。

3. 挪作他用

上海思南路 87 号梅兰芳的梅花诗屋，现在是思南公馆（高档酒店）内的一栋别墅。杭州高野侯的梅王阁现在是一家公司。扬州马曰琯和马曰璐的梅寮已不是原来斋主人接待客人的小客厅，而是"街南书屋"酒店的火锅厨房……

4. 仅有遗址

清代官吏王凯泰在广东和福建任职期间，均建过"十三本梅花书屋"，尤其在福建福州任上时，王凯泰曾三次建造十三本梅花书屋。如今在广东广州修建的十三本梅花书屋已了无痕迹，在福州修建的三处十三本梅花书屋也只有一处尚有迹可寻，即福州乌石山上的十三本梅花书屋遗址。当代画家管锄非当年居住的破庙——寒花馆，前几年地基被村民购去，破庙被拆除，村民准备在此建造房屋，所以现在仅存当年破庙的几座石柱和部分砖瓦木料……

5. 无迹可寻

这种情况，主要是指虽有较详细的文献资料记载，但无迹可寻。如元末画家、隐士李康的梅月书斋，明文学家许自昌的梅花墅，画家萧云从的梅筑，诗人吴伟业的梅村，清画家李方膺的梅花楼，画家潘遵祁的香雪草堂，陈敬斋的梅庄，近代实业家张謇的梅垞，画家吴湖帆的梅景书屋，书画家徐贯恂的梅花山馆，现代古琴演奏家查阜西的古梅书屋等。

这些古迹消失的原因，主要有以下几点：

一是战火兵燹。如宋天圣二年（1024）进士、诗人吴感的红梅阁，毁于建炎战火（即金兀术侵犯中原之事）。明末清初画家萧云从的梅筑，清军南下时成了清军的马圈，后来萧云从搬到了萧家巷，其居室又在太平军与清军激战中化为一片废墟。清代画家汤贻汾的画梅楼，原在其金陵（今南京）隐居之所——琴隐园内，1937年12月，在日军飞机轰炸之下，整个琴隐园已不复存在。

二是自然灾害。江苏苏州甪直许自昌的别墅——梅花墅，先是遭遇洪灾，梅花损失殆尽，后来慢慢没了踪迹。江苏南通张謇的别墅之一——梅垞，当年建在南通黄泥山伸向长江的一个半岛上，后被长江泛滥的大水冲垮，坍塌于长江之中。

三是人为拆除。陈迪南的百梅书屋在20世纪50年代被拆除了。郑逸梅的纸帐铜瓶室、高野侯的梅王阁、吴湖帆的梅景书屋等都是在城市建设改造中被拆除的……如此等等，此不赘言。

第六章　咏梅斋号的内容

一、梅花馆（陆修静）

陆修静（406—477），字元德，吴兴东迁（今浙江湖州）人。三国吴丞相陆凯之后裔。南朝宋著名道士，早期道教的重要建设者。居室梅花馆。

清郑亲王书"古梅福地"匾额
（笔者 2010.2.23 拍摄）

陆修静少宗儒学，博通坟籍，旁究象纬。又性喜道术，精研玉书。及长，好方外游，遗弃妻子，入山修道。初隐云梦，继栖仙都。为搜求道书，寻访仙踪，乃遍游名山，声名远播。他数年如一日，遍阅道经，著有《斋戒仪范》100 卷等。

南朝宋元嘉二年（425），陆修静喜爱金盖山之灵气而到此隐居，其修道所曰梅花馆，即后之梅花观。陆修静在山中植梅 300 株，匾曰"梅

湖州市文物保护
单位——古梅花观
（笔者 2010.2.23 拍摄）

古梅花观旧貌
（笔者 2010.2.23
拍摄于古梅花观）

古梅花观内匾额
（笔者 2010.2.23 拍摄）

花岛"，榜联云："几根瘦骨撑天地，一点寒香透古今。"因此，梅花开时，到此赏梅者络绎不绝。据说，清末民初，上海有一位富家小姐来此探梅，见道观的石碑上刻有"凡女子不得借宿"的禁令，便专门在道观东侧建了一座"小姐楼"。她当时的赏梅愿望是何等痴狂，而梅花规模也可见一斑。

金盖山在湖州城南7公里处，主峰海拔为292米。据清光绪《乌程县志》记载，金盖山因"峰势盘旋宛同华盖"而得名，又因"金盖故多云气，四山缭绕如垣，少焉日出，云气渐收，惟金盖独迟，故又名云巢"。古梅花观就坐落在金盖山上，是道教中全真教龙门派在江南的活动中心、浙江最大的道观之一、湖州市文物保护单位。

原来的梅花观及古梅因兵燹早已被毁，现在的古梅花观大部为同治、光绪及民国初年重建。古梅花观建筑规模较大，与其他宫观不同的是，建筑物安置在三条横轴线上，共有房屋137间。道观中有一株古梅，相传为陆修静亲栽，故有"古梅福地"之称。现存古梅实为后人补植，玉蝶型，树龄120年左右。2010年2月23日下午笔者到此考察时，古梅正散发着淡淡的幽香。

古梅花观古梅，树龄约120年
（笔者2010.2.23拍摄）

二、梅花庵（吴镇）

吴镇 (1280—1354)，字仲圭，号梅花道人、梅道人、梅沙弥、梅花庵主、梅花和尚等。嘉兴 (今浙江嘉善) 人。元代四大名画家（黄公望、吴镇、倪瓒、王蒙）之一。吴镇"善画山水，竹木，秀劲拓落，墨沈淋漓，极妙参神"（王伯敏语），有《梅花庵稿》《梅道人遗墨》等传世。

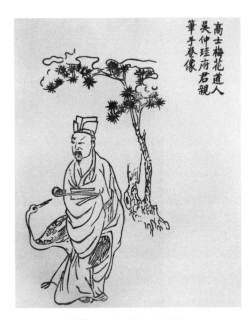

吴镇像（引自《义门吴氏谱》）

吴镇洁身自好，性情孤峭，虽颇有才气，却无意功名。早年离家，壮游天下，归来时已年近半百。此时家人皆已亡故，故居只剩断壁残垣。吴镇便在旧基上重建三间陋室，四周遍植梅花。一日，他坐在屋内饮酒作诗，见门前有枝梅花分成五丫，枝上朵朵花儿绽开。观赏之余，他悟出梅花冷傲品性与自己性格相同，遂名居室为梅花庵，自号梅花道人、梅花和尚。吴镇虽号"道人""和尚"，但他一不念经拜佛，二不做道场，只是以卖字画为生，以诗文自娱。临终前，吴镇自题墓碣"梅花和尚之塔"，乡邻将其镌成墓碑，立于梅花庵旁。

梅花庵是吴镇墓的附属建筑，由南、北两部分组成，南面是梅园，北面又分东西两个庭院。

东院大门门楣上有明代书坛领军人物董其昌题写的"梅花庵"匾额，内有吴镇花岗岩雕像、吴镇纪念馆等。

梅花庵梅园（笔者 2010.2.24 拍摄）

梅花庵梅园内梅花（笔者 2010.2.24 拍摄）

西院是吴镇的墓园，墓南有梅花井、梅花亭、八竹碑、草书心经碑等。据梅花庵碑文记载：梅花庵最早由道士徐氏于明万历十六年、十七年（1588—1589）为守墓而建，有前殿、后殿等。明泰昌元年（1620）嘉善县令吴旭如和举人钱士升于原址重建堂三楹、亭三楹、僧舍五楹，新中国

梅花庵（笔者 2010.2.24 拍摄）

吴镇花岗岩雕像（笔者 2010.2.24 拍摄）

成立后，嘉善县人民政府数次拨款修葺。

现在的梅花庵，亭台楼阁，小桥流水，梅香竹修，鸟鸣鱼跃，古迹与新景交融，已成为江南著名的文化旅游胜地。

梅花井（笔者 2010.2.24 拍摄）

梅花亭（笔者 2010.2.24 拍摄）

八竹碑（笔者 2010.2.24 拍摄）

草书心经碑（笔者 2010.2.24 拍摄）

三、梅花屋（王冕）

王冕（1287—1359），字元章，号竹斋、煮石山农、饭牛翁、会稽外史、梅花屋主等。浙江诸暨人。元末画家、诗人。出身农家，自幼好学，白天放牛，晚上借佛殿长明灯夜读，终成通儒。王冕诗多描写田园生活，亦反映民间疾苦；工画墨梅，亦善竹石，书法、篆刻皆自成风格；有《竹斋诗集》传世。

九里山王冕旧居——梅花屋（笔者 212.4.28 拍摄）

王冕生活的年代，社会已是危机四伏，朝廷纲纪废弛，贵族骄奢淫逸，官僚肆意盘剥百姓，一切都已呈现出一种衰败的景象。面对此种景象，大批有才能的知识分子郁郁不得志，王冕就是其中的一员。他进士落第后，不愿再出仕元朝，于是走上了一条轻物质、重操守的隐逸之路。王冕携妻儿隐于九里山中，"种豆三亩，粟倍之，树梅花千，桃李居其半，芋一区，薤韭各百本，引水为池，种鱼千余头。结茅庐三间，自题为'梅花屋'"（宋濂《宋学士文集》卷六〇《王冕传》）。王冕曾有《梅花屋》诗曰：

梅花书屋匾额（笔者 2012.4.28 拍摄）

"荒苔丛筱路萦回，绕涧新栽百树梅。花落不随流水去，鹤归常带白云来。买山自得居山趣，处世浑无济世材。昨夜月明天似洗，啸歌行上读书台。"（邓国光、曲奉先编著《中国花卉诗词全集·梅花》）悠然自得的心情跃然纸上。

王冕的旧居及所植梅花早已被湮没。近年，诸暨热心梅文化之士出资在九里山下修复了当年王冕的梅花屋、耕读轩、心远轩、洗砚池等。梅花屋三面环山，树木葱翠，一条清溪流经梅花屋东侧，注入远处的水库之中，环境优雅，清新宜人。但是，此处景点开发尚未到位，通往梅花屋的一段路尚未修通，路面狭窄且高洼不平，汽车难以通行，只能步行。另外，王冕故居建筑单一、简陋，周围杂草丛生，凌乱不堪，好像平时无人问津。2012 年 4 月 28 日下午，笔者在参观诸暨西施故里后，约朋友前往王冕故居。笔者到此后发现，

耕读轩（笔者 2012.4.28 拍摄）

心远轩（笔者 2012.4.28 拍摄）

与自己想象的相差甚远，尤其与刚游览过的西施故里及其配套景区（据说投资几千万元）形成强烈的反差。慕名到此，却是荒凉破败的场景，让笔者心里非常失落，有种愧对朋友之感（因是笔者邀请他们前来）。担心朋友们问及画梅名家、诗人的故居怎么会如此，我们转了一圈便匆匆离去。

洗砚池（笔者 2012.4.28 拍摄）

梅花屋一角（笔者 2012.4.28 拍摄）

四、梅月书斋（李康）

李康（？—1358），字宁之，号梅月处士，浙江桐庐翙岗（今桐庐凤川街道翙岗村）人。李康12岁时，母亲患病久治不愈，其学古代孝子的榜样，割腿肉和成稠粥，让母亲饮服治病，被人们称为"李孝子"。

李康善诗文及琴棋书画，不愿充当元朝官吏，乐与文人交往，家有一书室，取南唐李廷珪《藏墨诀》中"临风度梅月"句意，定名为"梅月书斋"。当时，青田刘基（著名军事谋略家、政治家、文学家和思想家）已辞掉元朝官职，在翙岗香泉山麓的华林寺设馆授徒，与李康时有往来，成为知心朋友。刘基曾写过一首《题梅月斋宁之读书处》诗："乾坤清气不可名，琢琼为户瑶为楹。轩窗晓开东井白，帘栊暮掩西山青。玉堂数枝春有信，银汉万顷秋无垠。夜深步月踏花影，梅清月清人更清。"对李康清雅的梅月书斋作了如实的写照，同时也赞扬了李康的人品。

翙岗老街区保护标志牌及翙岗老街石碑（笔者 2014.7.8 拍摄）

　　2014 年 7 月 8 日，笔者到桐庐县考察时，桐庐县政协文史委主任方培泉先生介绍说，由于年代久远，资料不足，关于李康的史料几乎没有系统的文字材料。为慎重起见，方培泉先生约来了在凤川街道任教（历史课）的黄水晶老师，因为黄老师对李康进行过一些研究，比如刘基为李康写的《题梅月斋宁之读书处》诗，黄老师就在县档案馆见过。在一起稍事交谈后，笔者就直奔凤川街道翙岗村。

翙岗老街街景（笔者 2014.7.8 拍摄）

　　笔者当时想，既然到了这里，无论收获大小，一定要到李康的故里去看看。笔者半小时左右就到了翙岗村，下车后，漫无目的地沿街前行。忽然，街道东侧的一条老街引起了笔者的注意，走进老街十多米，有两块老街保护区的石刻标志碑。从碑文得知：翙岗始于东汉，兴于明清，老街长 200 余米，有嘉庆堂、康德堂、经畲堂等 10000 余平方米的明清古建筑和修建于元代的沿街水渠等。了解此情后，笔者兴奋地在老街上走了个来回，并认真察看了一番。街道两边的建筑，除个别年久失修倒塌外，大多保存完好，沿街两侧房屋墙壁、门楣上的砖雕、木刻，图案优美，雕刻技艺精湛，至今仍依稀可见。现在街道两边一般都有村民居住或在此做生意。老街

翔岗老街康德堂（笔者 2014.7.8 拍摄）

翔岗老街年久失修的房屋（笔者 2014.7.8 拍摄）

中间的那条元代修建的水渠，清澈而流急，不时有村民在此欢快地洗着衣服。笔者此行虽没寻到李康梅月书斋的遗迹，但看到当地政府对历

翔岗老街门楣砖雕（笔者 2014.7.8 拍摄）

史文化街区如此重视，老街区的古建筑保存得如此完好，心里感到非常欣慰。

村民在翔岗老街水渠边洗衣服（笔者 2014.7.8 拍摄）

五、友梅轩（王昶）

王昶（生卒年不详），元末曾隐居杭州皋亭山，痴爱梅花，以梅为友，居室名为"友梅轩"，四周栽植梅树。明代政治家、诗文家刘基曾撰《友梅轩记》记之。

有关王昶的资料很少，笔者从 2013 年《杭州日报》文章得知，当地有关部门准备开发皋亭山，其中计划在皋亭山山腰建一梅花园，并建造友梅轩和刘基的《友梅轩记》碑刻等。

2014 年 7 月 6 日，笔者专程去了皋亭山。当天上午，笔者从皋亭山下的鲍家渡村后出发，经山的西侧顺路而上。当时，山上正在

皋亭山远望（笔者 2014.7.6 拍摄）

组织施工，不时有上上下下的骡马运送红枫等绿化树木。山前山后的主路已经修好，但山前西端入口处的一段路非常泥泞，主要是前一天晚上刚下过雨，路上、台阶上的土堆被雨水冲得到处都是，滑

运送绿化苗木的队伍（笔者 2014.7.6 拍摄）

且粘，很不好走。笔者走到半山腰时，见三岔路口处有一在建工程，框架已基本完成，但周围建筑垃圾较多，建筑没做细部处理，也还没有名字。此建筑的左侧有一条路直通山顶，右侧的路环山东去。

山腰正在施工的仿古建筑（笔者 2014.7.6 拍摄）

笔者沿着东去的环山路前行，走了 100 米左右，路面上有一平台，左侧山坡下有一用石料建成的立面墙体，大约有 10 平方米，但无内容。走到此，笔者想这两处建筑是否就是友梅轩和刘基《友梅轩记》

山腰一平台边的在建工程（笔者 2014.7.6 拍摄）

的碑刻镶嵌处呢？为了探个究竟，笔者又从山前转到山后，并直达山顶。然而，山顶上除有一个两层的亭子（明显不是轩的样式）外，一路上再也没有任何建筑。

下得山来，笔者询问组织施工的技术人员（一位是绿化施工者，一位是古建施工者），他们说在此施工一年多了，但都不知晓在建工程的名称和寓意。看来，只有等整个皋亭山开发建设完成后，才能得知了。

附：刘基《友梅轩记》

皋亭之山有隐者焉，以"友梅"字其轩，环其居皆梅也。或曰："友者，人伦之名也，君子以友辅仁，人求其友必于人焉，可也。梅，卉木也，人得而友之乎？生于世为人焉，舍斯人弗友，而卉木乎取之，斯人也，不既怪矣乎？"刘子曰："否。彼固有所激而云也，夫彼所谓隐者也，不同乎人而隐。彼固自绝于世之人，而卉木之为徒也，彼固以斯世为不足乎已，而隐以为高，彼固谓人不足与友，而卉木良我友也；彼诚有所激哉！世之如管、鲍者，希矣。刺于《谷风》，嗟于《桑柔》，膑于涓，卖于寄，累于灌夫，蝇营狗苟于拜尘之人，友之而不为损者，鲜矣哉！人不可以无友，彼将何所取哉？梅，卉木也，有岁寒之操焉，取诸人弗得矣，舍卉木何取哉？且此物，非徒取也，凌霜雪而独秀，守洁白而不污，人而像之，亦可以为人矣。昔人有撝怒蛙而勇士至气，类以感之。直谅多闻之友，不远千里来矣。然则斯人也，弗怪矣。"隐者闻之，曰："子知予，请书之。"遂书以记于轩。隐者王其姓，昶其名，记之者，括苍刘基也。

六、梅花初月楼（朱升）

朱升（1299—1370），字允升，号枫林，安徽休宁回溪村台子上村（台子上村为回溪村的一个自然村）人。元末明初著名学者、政治家。书楼"梅花初月"由明朝开国皇帝朱元璋亲题。

2013年12月3日上午，笔者到休宁考察朱升故居及"梅花初月楼"的有关史料时，先到休宁政协文史委，后几经周折，11点左右才联系上知情人——休宁地方志办公室主任汪顺生先生，约好下午3点到地方志办公室交谈。于是，笔者就先去了距离休宁县城20多公里的回溪村台子上村。令人欣喜的是，出租车师傅正好就是回溪村另一个自然村的人，距离朱升故居台子上村仅有一里路。大约半个小时后，笔者赶到台子上村，经出租车师傅介绍，在村民的热情指点下，寻访到了朱升的故居。

村民指点的朱升故居有两处：一处只存地基，已无房屋；另一处年久失修，且无人居住，很是破旧，前后门窗明显是近些年才更

朱升故居之一，仅存地基（笔者2013.12.3拍摄）

换的，虽然较新，但与房屋建筑风格很不协调，周围环境杂乱不堪，朱升当年的花圃、梅花和书楼早已难觅踪迹。

朱升故居之二，年久失修（笔者 2013.12.3 拍摄）

朱升的故居是否存在？为什么村民说两处都是？朱元璋为其题"梅花初月楼"，是因为朱升家中就有梅花，还是因为朱元璋爱梅？

带着这些疑问，笔者下午上班前及时赶到地方志办公室。在与汪顺生先生的交谈中，汪先生确认朱升故居还有，而且就在回溪村台子上村。但据笔者观察，朱升故居虽在此村，但具体

回溪村台子上村门牌（笔者 2013.12.3 拍摄）

位置不大明确。因为当天中午笔者赶到台子上村时,村民(大多是女性老人)首先指认的是没有房屋、只有地基的位置,后来她们又带笔者到距离此处不远(大约有30米)的一栋房屋,说这是朱升旧居。本村村民似乎也难以确定朱升旧居的准确位置,或许当年这些地方都是朱升的旧居范围所在,因为史料记载朱升有后花园,想必旧居占地面积较大。至于谈到朱元璋为什么为朱升题"梅花初月",通过与汪主任交谈、分析,我们都认为,很可能朱升爱梅,家里也有梅,朱元璋才为其书楼题写"梅花初月"的。尽管如此,笔者还是不放心,回来后,又查阅了有关典籍,并从中找到了答案。

台子上村后的台子山和山前的回溪(笔者 2013.12.3 拍摄)

关于朱元璋为朱升题"梅花初月"一事,目前有三种说法:一种说法是至正十七年(1357),朱升(58岁)向朱元璋献"高筑墙,广积粮,缓称王"后,朱元璋为之题匾赐之;另一种说法是至正十八年(1358),朱升(59岁)在家乡建楼时,朱元璋亲笔题匾,

台子上村南面的后里坞山（笔者 2013.12.3 拍摄）

赐楼名"梅花初月"，以示恩宠；还有一种说法是朱升 60 多岁时，朱元璋亲笔题"梅花初月"匾赐之。

从明代黄瑜《双槐岁钞》（上海古籍出版社 2005 年版）和《朱枫林集》（黄山书社 1992 年版）的有关记载看，朱元璋为朱升的书楼题写"梅花初月"，应是在至正十七年（1357）。

《双槐岁钞》卷一《枫林壬课》中云："丁酉（1357）秋，天兵下徽，高皇帝素知允升（朱升字允升）名，提兵过之，果令军士休其下。允升既被召问，对曰：'高筑墙，广积粮，缓称王。'上大悦，遂预帷幄密议。问所愿欲，曰：'请留宸翰（帝王墨迹），以光后圃书楼。'上亲为书'梅花初月楼'以赐之。"

《朱枫林集》卷五《赋梅花初月酬汪古义诸公并序》中云："至正丁酉岁（1357），余由金陵还山，诸公为赋梅花初月楼诗饯行，作此长歌以答之。"诗中云："冬至之后江上春，来车去马秦淮滨。……金陵子弟来相送，梅花初月尤殷勤。……寒梅始花日出辰，当楼新月悬钩银。天根阳生花实茂，月窟魄死光辉沉。蓓蕾数点春，我已见其映雪千树之玉津；飘渺一眉金，我已看作行天五夜之冰轮。"

（《朱枫林集》，第 68 页）

　　从上述典籍看，1357 年前，朱升花圃就有书楼。是年秋，朱元璋根据朱升的请求，为其题写了"梅花初月"。另外，从当时朱升写的"寒梅始花日出辰""蓓蕾数点春，我已见其映雪千树之玉津"等七言古诗中也可以看出，朱升花圃里的确栽植了不少梅花。而且 1357 年冬朱升从金陵（今南京）回去时，正值梅花初放，暗香飞来。

　　鉴于朱升故居目前的状况，笔者企盼当地政府能尽早修复朱升旧居、梅花初月楼等历史景观，再现名士当年的神韵和风采。

七、梅花堂（徐应震）

徐应震（生卒年不详），字长卿，号雷门，明末江苏江阴人。徐应震是徐霞客族兄，与徐霞客一样，能诗喜游，同有"爱山之癖、赏梅之趣"，曾结庐种梅于小香山。

梅花堂坐落在江苏张家港小香山，初建于宋代。相传苏东坡晚年仕途失意，因江阴友人葛氏邀请，曾数度来梅花堂怡情养生，并

香山远眺（笔者 2011.7.31 拍摄）

题梅花堂匾额。堂后的洗砚池，因东坡曾在此洗砚而得名。由于紧靠大、小香山间的石虎门古战场，梅花堂一度遭到战火破坏。明朝末年，爱山成癖的徐应震重建梅花堂，并在山上广植梅竹。清风明月之夜，徐应震与徐霞客兄弟二人在此赏梅、种竹、探涧、观瀑，共赏良辰美景。徐霞客曾写下《题小香山梅花堂》五首及一篇长序，自题小香山梅花堂对联一副"春随香草千年艳，人与梅花一样清"。

到 20 世纪 50 年代后期，梅花堂和洗砚池均已湮没无闻，四周梅花亦渐渐稀少。

香山梅花堂（笔者 2011.7.31 拍摄）

近年来，当地政府采取措施开发香山旅游资源，将梅花堂和洗砚池列入旅游发展规划中。2005 年，重建于香山之巅的梅花堂，为五间仿古建筑，清新自然，古朴典雅。正堂匾额集苏东坡手笔，大门两边有联曰："梦中山水胸中志，足底烟霞笔底文。"堂内前厅有屏风，上方有匾额曰"香生群玉"。屏风前面有徐霞客雕像，基座上有介绍徐霞客与香山渊源的文字。两边抱柱上镌

梅花堂匾额（笔者 2011.7.31 拍摄）

刻一副对联,"春随香草千年艳,人与梅花一样清",选自徐霞客《题小香山梅花堂诗》之二。后堂以画为主,悬挂数十只宫灯,分外庄重、雅致。梅花堂后面檐下亦有一匾,曰"江天一色",系集乾隆帝字,两边对联为"诗老不知梅格在,更看绿叶与青枝",是苏东坡《红梅》里的诗句。

梅花堂后匾额(笔者 2011.7.31 拍摄)

梅花堂后洗砚池(笔者 2011.7.31 拍摄)

梅花堂说明牌（笔者 2011.7.31 拍摄）

　　2011 年 7 月底笔者到梅花堂考察时，发现梅花堂周围并没有梅花。据笔者观察，梅花堂周围除左侧树木较多、后面山坡较陡（是下坡）而不宜栽植梅花外，前面和右侧地面较平坦且面积较大，完全有条件栽培梅花。如果能在梅花堂周围有条件的地方适当栽植一些梅花，将会进一步增强这一人文景观的观赏效果。

八、梅花源（王圻）

王圻（1530—1615），字元翰，号洪洲，上海嘉定江桥人，幼年就读于诸翟，嘉靖四十四年（1565）进士，文献学家、收藏家，是当时松江府四大藏书家（宋懋澄、施大经、俞汝楫、王圻）之一。王圻初授江西清江县令，为人严峻正直，升任御史后，敢于直谏，受到权臣忌恨而接连遭贬，后卸任还乡，朝廷赐十进九院府第。

王圻酷爱梅花，明万历二十三年（1595）致仕归故里后，将祖上一座宅院改建，并在周围植梅万株，谓之"梅花源"。梅花源引江水环绕，每年花开季节，香闻数里，八方游客皆驾舟绕水赏梅。王圻整日以梅为伴，悉心著书。著有《续文献通考》《洪洲类稿》《三才图会》《两浙盐志》《海防志》等，其中在《三才图会》（与其子王思义合编）中首次提出了"梅有四贵：贵稀不贵繁，贵老不贵嫩，贵瘦不贵肥，贵含不贵开"的新的梅花审美理论。

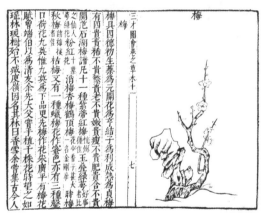

王圻"梅有四贵"（引自《三才图会·草木》）

后来，梅花源的建筑渐废，但梅林犹存。王韬在1875年出版的《瀛壖杂志》称此处为"梅源市"，并赞叹："花时晴雪千村，暗香十里，游者谓不减苏台邓尉。"秦荣光在1903年撰写的《上海县竹枝词》中也说："王氏梅源数里花，树多成市水之涯。冷香雪浪春初盛，邑旧人人胜境夸。"

据《嘉定地名志》记载："大宅里唐代已成村落，王姓始居。明代称王庵市，后改称梅源市。清代称梅花村。民国时期始称大宅里。"

新中国成立后又几次调整行政区划，现在的大宅里归五四村委会管理。据村民介绍，大宅里现在只是五四村的六、七、八三个小队。五四村有一条南北路——华江

江桥镇五四村委会（笔者 2014.8.4 拍摄）

路，路东的老房子早已全部拆除，建造新居。路西的老房子还有部分未改造，有的还标有"大宅里"的门牌号，笔者于 2014 年 8 月 4 日下午到此考察时，居民们正忙碌着经营各种各样的生意。

大宅里部分旧街街景（笔者 2014.8.4 拍摄）

九、绣雪堂 崔梅仙馆（王锡爵）

王锡爵（1534—1611），字元驭，号荆石，江苏太仓人。嘉靖四十一年（1562）会试第一，廷试第二，授翰林院编修，万历十二年（1584）拜礼部尚书兼文渊阁大学士，入职内阁，官至内阁首辅。王氏一门英才辈出，王锡爵曾孙王掞，清康熙年间亦官至文渊阁大学士，人称"两世鼎甲"，又称"祖孙宰相"，王锡爵与儿子王衡、孙子王时敏、曾孙王掞均为朝廷一品大员，人称"四代一品"。

明万历年间，王锡爵在家乡太仓建南园。南园为王锡爵赏梅种菊处，曾是王锡爵处理政务的场所，太仓民间称南园为"太师府"，距今已有400多年的历史。原来的南园占地30余亩，为清代以来太仓园林之首。清初，王锡爵之孙、画家王时敏与叠山大师张南垣又合作加以拓建。乾隆时南园几近荒芜，嘉庆、道光年间重建，同治

南园（笔者 2011.7.31 拍摄）

时又修，后渐破旧。现在的南园是 1998 年太仓市政府按原照片、图纸进行设计、规划并逐步恢复的，主要有"门楼""绣雪堂""香涛阁""大还阁""崔梅仙馆""寒碧舫""潭影轩"等 18 处景点。其中，"绣雪堂"与"崔梅仙馆"就是因梅而名的。

南园大门内影壁——素芬自远（文徵明手迹）
影壁前栽植松竹梅，地面用卵石与缸甏碎片砌成梅花图案
（笔者 2011.7.31 拍摄）

绣雪堂是南园的主厅，是王锡爵和王时敏接待客人的主要场所，大书画家董其昌和陈继儒等曾在此厅留下一段段有趣的故事。堂额由明文学家、史学家王世贞书写，大厅正面浮雕梅花铁骨铮铮、生机勃勃，右上方题诗曰"万树香雪海，数花天地心"，两边抱柱联为"疏影横斜苑中玉树银镶出，暗香浮动帘外花枝雪绣成"，典雅别致，古色古香。据说，当年"绣雪堂前是一片白梅，千树万树犹如无边的雪原，东风拂过，满园雪花飞舞，落下一地残琼碎玉。如果不是馥郁的清香，你真会怀疑置身在北国的漫天飞雪里"（王振羽《梅村遗恨——诗人吴伟业传》）。

南园主厅——绣雪堂（笔者 2011.7.31 拍摄）

绣雪堂楹联：疏影横斜苑中玉树银镶出　暗香浮动帘外花枝雪绣成
（笔者 2011.7.31 拍摄）

　　窊梅仙馆，是老南园最为精致的一幢建筑，人称花厅（旧式住宅中大厅以外的客厅）。"窊梅仙馆"匾额原为明代著名篆刻家赵宧光手迹，如今重建的窊梅仙馆，其匾额为清代著名书画家、篆刻家赵之谦手迹。其木料

窊梅仙馆匾额（笔者 2011.7.31 拍摄）

取自原北门街陈家老宅的铁梨木。陈家老宅乃明代建筑，其珍贵的铁梨木历经数百年，依然完好无损。此厅前原来有一株老梅，王锡爵将其扎成鹤形，名为"一只瘦鹤舞"，并将此厅命名为"窊梅仙馆"（此鹤没鸟字，是因为它非指鸟，而是指梅，故此额去掉了"鸟"字）。据清代学者、书法家钱泳在《履园丛话》中记载，南园诸胜

窊梅仙馆（笔者 2011.7.31 拍摄）

"皆种梅花，至今尚存老梅一株，曰瘦鹤，亦文肃（王文肃，字锡爵）手植也"。又云："道光庚寅（1830）冬日，偶见程芳墅所画《南园瘦鹤图》，不胜今昔之感，因书二绝句于后云：'昔年踏雪过南园，古寺斜阳草木繁。惟有老梅名瘦鹤，一枝花影倚颓垣。''相国门庭感旧知，满头冰雪最相思。偶然留得和羹种，曾听前朝话雨时。'"

崔梅仙馆左侧的古梅（笔者 2011.7.31 拍摄）

十、二雪堂（冯梦祯）

冯梦祯（1548—1605），字开之，号具区，秀水（今浙江嘉兴）人。万历五年（1577）进士，累迁至南京国子监祭酒，为晚明时期重要的文学家、佛教居士。

冯梦祯政治失意后定居杭州，多次游览西溪，深受西溪"冷、野、淡、雅"气质的吸引，故在安乐山永兴寺边上建一别业——西溪草堂。

西溪草堂（笔者 2010.2.22 拍摄）

此时永兴寺已废圮多年，于是冯梦祯出资重建永兴寺，并亲手在禅堂前种下两株绿萼梅，一为"绿雪"，一为"晴雪"，禅堂也因此被命名为"二雪堂"。梅花开时，绿雪交柯，满庭芬芳，备受文人喜爱与赞赏。如明代洪瞻祖有诗赞曰："二十四番风始吹，霜花对酒伴云堆。绿珠弟子堪吹笛，放却春心度岭回。"（《永兴寺观绿萼梅》）冯梦祯学生李日华曾有诗云："琳宫双琼树，手植华阳仙。谭唾缀珠点，文情浮玉烟。光白定僧起，梦香高士眠。孤山根脉在，相为保芳妍。"
（《永兴寺双梅为先师冯具区手植》）康熙年间，两株绿梅相继枯亡。

永兴寺始建于唐代贞观年间（627—649），位于杭州留下镇安乐山下。古时，永兴寺青山巍巍，涧水潺潺，高树繁绿，山鸟啁啾，佛号不绝，钟磬常喧，一千多年来虽有兴衰，香火却绵延相传。永兴寺于1958年被拆毁，后杭州青年中学迁移永兴寺遗址，现为杭州西湖高级中学。

永兴寺遗址（笔者 2010.2.22 拍摄）

2010年2月22日下午，笔者从西溪出来赶到此地时，已是下午五点多，担心完不成此次考察任务。可巧，笔者在学校门口遇到了该校一位英语教师——黄丹老师。说明来意后，黄老师热情地边介绍尚存校内的永兴寺胜迹，边带笔者到办公楼，并赠送了一本校园景观课本，其中有许多永兴寺的故事，这使笔者能在天黑之前，较顺利地对校内的永兴寺遗迹进行了实地考察。

21 世纪初，杭州市政府在开发建设西溪国家湿地公园时，已将冯梦祯的别业——西溪草堂等名胜移建于公园东南面，与梅竹山庄、西溪梅墅、西溪水阁等景点共同构成西溪梅竹休闲区。据说不久的将来，湿地公园将在园中修复永兴寺、二雪堂等，进一步挖掘丰富的文化内涵，再现昔日的辉煌。

快雪堂（笔者 2010.2.22 拍摄）

快雪堂楹联之一：烟水一泓梅乍放　荻花四面鹤频来
（笔者 2010.2.22 拍摄）

十一、梅墟书屋（周履靖）

周履靖（1549—1640），字逸之，初号梅墟，改号螺冠子，自号梅颠道人、梅痴道人、梅墟先生等。嘉禾（今浙江嘉兴）人。室名梅墟书屋。

周履靖性慷慨，擅吟咏，好金石，工各体书法，精绘画。著有《梅颠稿选》《罗浮幻质》《九畹遗容》《锦笺记》等 70 多种著作，涉及美食、园艺、佛道、音乐、金石、医学、绘画、养生、茶道、命相、气功、博物等诸多领域。

周履靖痴爱梅花，曾在嘉兴南湖（亦称鸳鸯湖）之滨建了一座闲云馆，植梅 300 余株。每当冬雪飘飞、梅花破寒绽蕊之时，周履

历史上的南湖（概貌）（摘自《嘉兴市志》）

历史上的南湖（局部）（摘自《嘉兴市志》）

嘉兴南湖远眺（笔者 2012.2.24 拍摄）

靖就穿上白色羽衣，坐在梅林里开怀畅饮，吟咏终日。有时在明月高挂的夜晚，周履靖独自一人披衣携酒到梅树下，彻夜浅斟低酌。梅盛季节，周履靖还骑牛到深山溪涧等处去探寻梅花。

有一年暮冬，周履靖在闲云馆梅花斋常常梦见白衣黄冠的仙人与众素女在庭院中轻歌曼舞。某夜，周履靖在如真似幻中醒来，但见满庭深寂，杳无人踪，却留下袭袭清香，沁人心脾，想到元人冯海粟的《梅花百咏》，便秉烛取书，一一韵和。当晓日初升时，周履靖的《和梅花百咏》已然完成，犹如片片旃檀，令人叹赏。

十二、梅花草堂（张大复）

张大复（约 1554—1630），字元长，号病居士，江苏昆山人。明代戏曲家，博学多识，为人旷达。40 多岁时因患眼疾而双目失明。有《梅花草堂笔谈》《昆山人物传》《昆山名宦传》等著作传世。

张大复的梅花草堂，原在昆山兴贤里片玉坊（即现在昆山南街。一说梅花草堂遗址在今南街南面的震川南路与中山路交界一带）。据光绪《昆新两县续修合志》等有关典籍记载，梅花草堂原有房屋七间，粉墙黛瓦，飞檐高翘，面山临水，风光秀丽，"席门蓬户，轩车往来无虚日"（钱谦益《牧斋初学集》）。当时有许多昆曲名师、歌唱家、优伶艺人到梅花草堂聚会，清喉婉转，弦索相应。因此梅花草堂有"吴中文学俱乐部"之誉。

居梅花草堂在片玉坊席门蓬户轩车恒填咽其間撰

诗壇酒祉微僻事商謎語拂塵而談聲期朗微戶外所

歲哭父兩目失明乃謁諸生業垂簾瞑目昕嗣子桐雛

師名籍籍公卿間性故就髒不屑曳裾侯門遂引去中

司馬子長紓徐曲折極其意之所之耍歸法度再游京

原本經史泛濫於漢魏唐宋諸家通曉大義尤得力於

張大復字元長萬歷初歲貢維翰子少負雋才工制舉業

咸以為無愧云

倣如嬰兒提學御史慎選優行之士惟瞕兩鷹是舉人

天性孝友與弟瑙同居狀元涇奉母浦至九十餘猶倣依

光绪《昆新两县续修合志·文苑》书影
（昆山市政协学习与文史委副主任庄吉先生提供）

　　1665 年，梅花草堂在清军的铁蹄下被夷为平地。当年的兴贤里片玉坊（现南街）在 20 世纪 90 年代中期道路拓宽和房屋改造时也已全部拆除。现在南街两边的店铺里出售着各种各样的服装、家具等，引领着古城的时尚。梅花草堂已无迹可寻。

南街（原昆山兴贤里片玉坊）街景（笔者 2014.8.6 拍摄）

十三、梅花墅（许自昌）

许自昌（1578—1623），字玄祐，号霖寰，又号去缘，别署梅花主人等。长洲甫里（今江苏苏州甪直）人。明代戏曲学家、文学家。许自昌26岁时中举人，后来连续四次赴京会试都名落孙山。许自昌30岁时，父亲许朝相（吴中巨富）出钱为其捐官，授文华殿中书舍人（起草诏令之职），为官不久即以养亲为名告归故里，购得镇上破败私家园林一处，加以扩建，建造别墅，以娱双亲。因墅内遍植梅花，故名为梅花墅。

据《甫里志》等文献记载，梅花墅占地60亩，建有得闲堂、竟观居、杞菊斋、映阁、湛华阁、维摩庵、滴秋庵、流影廊、浣香洞、小西洞、招爽亭、在洞亭、转翠亭、碧落亭、涤砚亭、渡月梁、锦淙滩、浮红渡等30多处景点。这些景点大多依据水乡甪直的特点，巧妙用水，或溪水急而曲，或滩水缓而直，或洞水暗而虚，或沼水明而实，把水的景致发挥到了极点，诗情画意，情趣盎然，因而梅花墅被誉为仅次于杭州西湖、苏州虎丘的"江南第三名胜"。梅花开时，"弥望皆是，不逊香雪海也。暗香疏影，浮动月华中，别开静境"（王韬《漫游随录》卷一《古墅探梅》）。

许自昌本就爱结交名士，梅花墅建成后，一时间

梅花墅中寺院图
（引自王韬《漫游随录》卷一《古墅探梅》）

钟惺、董其昌、陈继儒、文震孟、王稚登、陈子龙等文人雅士争相交游，你吟我唱，你歌我和，留下许多精美的诗文和园记，如朱之蕃、林云凤《梅花墅二十二咏》，钟惺《梅花墅记》，陈继儒《许秘书园记》，祁承爜《书许中秘梅花墅记后》等，对梅花墅的建筑规模、艺术风格以及历史变迁等进行了细致而生动的描写，具有很高的美学价值和历史文化价值。

　　许自昌过世后，其子许元溥因经营不善，无力支撑偌大的家业，遂割园大部为寺，改名为海藏庵，后又易名海藏禅院。1849 年大水，墅内梅花皆被淹死，海藏禅院渐趋荒芜。新中国成立后，海藏禅院归甪直镇粮管所使用，用作粮库。20 世纪 80 年代，镇粮管所在此开办食品厂等。2000 年后，甪直镇粮管所拆除部分建筑，建造职工住房等，梅花墅现几乎无迹可寻。

　　梅花墅原址在今江苏吴中区甪直镇东市下塘街红木桥至鸡鹅桥一带。有文章说，现在梅花墅的荷花池和部分围墙还在，但 2011 年

江苏吴中区甪直镇东市下塘街红木桥（笔者 2011.7.30 拍摄）

7月30日笔者到此地考察时，就连这仅有的遗迹也未寻见。不过，下塘街的红木桥和鸡鹅桥还在，只是红木桥两边的栏杆已由钢管所代替，鸡鹅桥两边的石栏也已残缺不全。

江苏吴中区甪直镇东市下塘街鸡鹅桥（笔者 2011.7.30 拍摄）

红木桥与鸡鹅桥之间的民居（笔者 2011.7.30 拍摄）

附：陈继儒《许秘书园记》

士大夫志在五岳，非绊于婚嫁，则窘于胜具胜情，于是葺园城市，以代卧游。然通人排闷，酒人骂坐；喧笑呶詈，莫可谁何，门不得坚扃，主人翁不得高枕卧；欲舍而避之寂寞之滨，莫若乡居为甚适。吾友秘书许君玄祐，所居为唐人陆龟蒙甫里。其地多农舍渔村，而饶于水，水又最胜，太公尝选地百亩，菀裘其前，而后则攀潴水种鱼。玄祐请甃石围之，太公笑曰："土狭则水宽，相去几何？"久之，手植柳皆婀娜纵横，竹箭秀擢，菱牙蒲戟，与清霜白露相采采，大有秋思。玄祐乃始筑梅花墅。窦墅而西，辇石为岛，峰峦岩岫，攒立水中。过杞菊斋，盘磴上跻映阁——君家许玉斧迈，小字映也。磴晻分道，水唇露数石骨，如沈如浮，如断如续；蹑足褰渡，深不及踝，浅可渐裳，浣香洞门见焉。岭岈岸嵥，窍外疏明，水风射人，有霜霓虬龙潜伏之气。时飘花板冉冉从石隙流出，衣裾皆天香矣。洞穷，宛转得石梁，梁跨小池，又穿小酉洞，洞枕招爽亭，憩坐久之。径渐夷，湖光渐劈，苔石磊磊，啮波吞浪，曰锦涼滩。指顾隔水外，修廊曲折，宛然紫蜺素虹，渴而下饮。逶迤北行，有亭三角，曰在涧，所谓"秋敛半帘月，春余一面花"是也。由在涧缘阶而登，浓阴密筱，葱蒨模糊中，巧嵌转翠亭。下亭，投映阁下，东达双扉，向隔水望见修廊曲折，方自此始。余榜曰：流影廊。窈窕朱栏，步步多异趣。碧落亭踞廊面西，西山烟树，扑堕檐瓦几上。子瞻与元章欲结杨许碧落之游，杨为杨羲，许为许迈，亭义取此。碧落亭南曲数十武，雪一龛，以祀维摩居士。由维摩庵又四五十武，有渡月梁。梁有亭，亭可候月，空明激滟，縠纹轮漪，若数百斛碎珠，流走冰壶水晶盘，飞跃不定。渡梁，入得闲堂，闳爽弘敞，槛外石台，广可一亩余，虚白不受纤尘，清凉不受暑气；每有四方名胜客来集此堂，歌舞递进，觞咏间作，酒香墨彩，淋漓跌宕于红绡锦瑟之傍，鼓五挝，鸡三号；

主不听客出，客亦不忍拂袖归也。堂之西北，结竟观居。前楹奉天竺古先生。循观临水，浮红渡。渡北楼阁，以藏秘书。更入为鹤药蝶寝，游客不得迹矣。得闲堂之东流，小亭踞其侧，曰涤砚亭。亭逶迤而东，则湛华阁，摩干群木之表，下瞰莲沼，沼匝长堤，而垂杨、修竹、茭蒲、菱芡、芙蓉之属，至此益纷披辐辏。堤之东南阴森处，小缚围焦，鸥鹭凫鹥，若作寓公于此中，旅坐不肯去。此中桃霞莲露，缋绣绮错，而一片澄泓萧瑟之景，独此出江南秋，故曰滴秋庵者。王太史游香山，欲与二三子作妄想，若斩荻芦陂隈，尽田荷花，使十五小儿，锦衣画舸，唱采莲词，出没于青萍碧浪之间，可以终老。今玄祐不妄想而坐得之。又且登阁四眺，远望吴门，水如练，山如黛，风帆如飞鸟，市声簇簇如蜂屯蚁聚，而主人安然不出里门，部署山水，朝丝暮竹，有侍儿歌吹声；左弦右诵，有诸子读书声；饮一杯，拈一诗，舞一棹，沿洄而巡之，上留云借月之章，批给月支花之券；袍笏以拜石丈，弦索以谢花神；此有子之白乐天，无谪贬之李赞皇，而不写生绡，不立粉本之郭恕先、赵伯驹之图画也。秘书未老，园日涉，石日黝，鱼鸟日聚，花木日烂熳，篇章词翰日异而岁不同，余且仿用里先生藤轿豹席，笔床茶灶，叩君之园而访焉，相与唱和如皮陆故事，玄祐能采杞菊以饱我否？

钟惺《梅花墅记》

出江行，三吴不复知有江，入舟、舍舟，其象大抵皆园也。乌乎园？园于水。水之上下左右，高者为台，深者为室；虚者为亭，曲者为廊；横者为渡，竖者为石；动植者为花鸟，往来者为游人，无非园者。然则人何必各有其园也？身处园中，不知其为园，园之中各有园，而后知其为园。此人情也。 予游三吴，无日不行园中，园中之园，未暇遍问也。于梁溪则邹氏之"惠山"，于姑苏则徐氏之“拙政”，范氏之“天平”，赵氏之“寒山”，所谓人各有其园者也。然不尽园于水，园于水而稍异于三吴之水者，则友人许玄祐之“梅花墅”也。玄祐家甫里，为陆龟蒙故居，行吴淞江而后达其地。三吴之水，不知有江，江之名复见于此，是以其为水稍异。予以万历己未冬，与林茂之游此，许为记。诺诺至今，为天启辛酉，予目常有一梅花墅，而其中思理往复曲折，或不尽忆。如画竹者，虽有成竹于胸中，不能枝枝节节而数之也。然予有《游梅花墅》诗，读予诗而梅花墅又在予目。大要三吴之水，至甫里始畅。墅外数武，反不见水，水反在户内。盖别为暗窦，引水入园。开扉坦步过杞菊斋，盘磴跻映阁。映者，许玉斧小字也，取以名阁。登阁所见，不尽为水，然亭之所跨，廊之所往，桥之所踞，石所卧立，垂杨修竹之所冒荫，则皆水也。故予诗曰：“闭门一寒流，举手成山水。”迹映阁所上磴，回视峰峦岩岫，皆墅西所辇致石也。从阁上缀目新眺，见廊周于水，墙周于廊，又若有阁亭亭处墙外者。林木荇藻，竟川含绿，染人衣裾，如可承揽，然不可得即至也。但觉钩连映带，隐露继续，不可思议。故予诗曰：“动止入户分，倾返有妙理。”乃降自阁，足缩如循，褰渡曾不渐裳，则浣香洞门见焉。洞穷，得石梁，梁跨小池，又穿小酉洞，憩招爽亭，苔石咶波，曰锦淙滩。指修廊中隔水外者，竹树表里之。流响交光，分风争日，往往可即，而仓卒莫定其处，姑以廊标之。予诗所谓“修廊界竹树，声光变远迩”者是也。折而北，有亭三角，曰在涧，润气上流，作秋冬想。予欲易其名曰“寒吹”。由此行，峭蒨中忽著亭曰“转翠”。寻梁契集，映阁乃在下。见立石甚异，拜而赠之以名，曰“灵举”。向所见廊周于水者，方自此始，陈眉公榜曰“流影廊”。沿缘朱栏，得碧落亭。南折数十武，为庵，奉维摩居士，廊之半也。　又四五十武为渡月梁，梁有亭，可候月风，泽有沦，鱼鸟空游，冲照鉴物。渡梁，入得闲堂。堂在墅中最丽。槛外石台可坐百人，留歌娱客之地也。堂西北，结竟观居，奉佛。自映阁至得闲堂，由幽邃得宏敞，自堂至观，由宏敞得清寂，固其所也。 观临水，接浮红渡，渡北为楼以藏书。稍入为鹤箱，为蝶寝，君子攸宁，非幕中人或不得至矣。得闲堂之东流，有亭曰"涤砚"，始为门于墙，如穴，以达墙外之阁，阁曰"湛华"。映阁之名故当映此，正不必以玉斧为重，向所见亭亭不可得即至者，是也。墙以内所历诸胜，自此而外，若不得不暂委之。别开一境，升眺清远。阁以外，林竹则烟霜助洁，花实则云霞乱彩，池沼则星月含清。严晨肃月，一辍暄妍。予诗云："从来看园居，秋冬难为美。能不废暄萋，春夏复何似？"虽复一时浏览，四时之气，以心准目想备之，欲易其名曰"贞萋"。然其意渟泓明瑟，得秋差多，故以滴秋庵终之，亦以秋该四序也。 钟子曰：三吴之水皆为园，人习于城市村墟，忘其为园。玄祐之园皆水，人习于亭阁廊榭，忘其为水。水乎？园乎？难以告人。闲者静于观取，慧者灵于部署，达者精于承受，待其人而已。故予诗曰："何以见君闲，一桥一亭里，闲亦有才识，位置非偶尔。"

王韬《古墅探梅》

甫里海藏禅院前，明许玄祐中翰梅花别墅也，后乃舍宅为寺。梅花墅图有数本，并名人手笔。余所见一本，顾元昭临庄平叔笔也，工妙绝伦。中翰长孙王俨字孝酌题长歌一篇，叙其始末。图后归里中严氏，乞人题咏，韦君绣光黻二律最佳。其一："绢海胶山迹尚存，伤心家国不堪论。梅开古雪春无主，钟度寒霜月有痕。土地祠留黄主簿，伽蓝神奉顾黄门。祇园香火消尘迹，能报平泉祖父恩。"其二："樗斋隐迹感沧田，回首香云涌白莲。易代谁知丁卯宅，长歌忍溯甲申年。辋川画手师前辈，甫里高风替后贤。六直至今南下水，暮潮呜咽绕禅天。"

寺今经二百余年，虽多荒废，规模尚在。入门即一巨池，架以石桥。池畔旧所称"秋水亭"者，久已倾圮。"樗斋"最在寺后，独完善，诗扉八扇犹无恙。读书之暇，辄往静坐。闻当盛时，常宴客于此，曲院丽人，梨园子弟，银筝檀板，各献所长。"樗斋"之外多隙地，皆当日之楼台亭榭也。叠石引泉，回廊曲折，犹有遗迹可寻。池宽广，遍及寺外。临池一带皆平屋，朱槛碧窗，备极幽静，寺僧赁为民居。池中多种莲花，红白烂熳，引手可摘。花时芬芳远彻，满室清香。余戚串家尝居此。每于日晚，置茶叶于花心，及晨取出，以清泉瀹之，其香沁齿。今四周之屋，尽已摧为薪矣，莲花迥不及昔时之盛。

墅本以梅花名，冬时花开，弥望皆是，不逊香雪海也。暗香疏影，浮动月华中，别开静境。自选佛场兴，月榭云房，风景顿异，不过二十年间，已有沧海桑田之感。余少时，尚存数十株，老干纷披，着花妍媚。每结二三伴侣，踏雪寻梅，清芬在望，逸兴遄飞；必借"樗斋"为行赏地，酒一壶、肴一合，出自家厨，足供大嚼。余笑曰："梅花清品，我辈俗人。使其有知，必以老饕相目。欲求罗浮清梦，安可得哉？"时张君子严在座，曰："对名花不可无名酒，彼梅花虽玉蕊琼葩，为瑶台仙种，然安知我辈非从阆苑中谪降下来，不然安能具此一副冰雪心肠，作冷淡生活哉？"未几，子严下世。探梅之约，竟乏同志者。己酉大水，梅尽淹死。余亦转徙申江，罕回里中。人事无常，可胜慨已。

壬子秋，驭涛师携图至沪上。余得重为展阅，曾书二十八字于后："梅花今已半株无，为念梅花展旧图。回首故园悲寂寞，夕阳一抹下平芜。"……图毁于火。

十四、梅圃溪堂（钱谦益）

钱谦益（1582—1664），字受之，号牧斋，晚号蒙叟、东涧老人等。江苏常熟人。万历三十八年（1610）一甲三名进士，官至礼部侍郎。明末文坛领袖，散文家、诗人。

钱谦益爱梅，曾在虞山拂水岩下建一处别墅——拂水山庄，与柳如是白发红颜，常在此居住。拂水山庄有明发堂、秋水阁、耦耕堂、

拂水山庄旧址——常熟虞山拂水岩（笔者 2014.8.3 拍摄）

朝阳榭、花信楼、梅圃溪堂等八景，其中的梅圃溪堂，周围遍植梅花。钱谦益在《山庄八景诗·梅圃溪堂》序中云："秋水阁之后，老梅数十株，古干虬缪，香雪浮动，今筑堂以临之。"他还有诗赞曰，"梅花村落傍渔庄，寂历繁英占草堂"（《梅圃溪堂》），"老梅放繁花，回此世界春"（《一月五日山庄作》）等，可见当时此处梅花之盛。

2014 年 8 月 3 日，笔者到此考察时得知，昔日拂水岩下的拂水山

庄早已无迹可寻，现只有钱谦益和柳如是墓静卧于此。令人欣慰的是，21世纪初，当地政府已将拂水山庄移址重建于距此不远的尚湖风景区。

拂水岩前的钱谦益墓 　　　　　拂水岩前的柳如是墓

（笔者 2014.8.3 拍摄）　　　　（笔者 2014.8.3 拍摄）

常熟尚湖风景区（笔者 2014.8.3 拍摄）

其中的梅圃溪堂古朴典雅，回廊环绕，曲径通幽，前后有红梅、绿梅各一株。回廊内的"梅雪""梅影"等砖额更增添了梅圃溪堂的梅文化内涵和人文意趣。

尚湖拂水山庄（笔者 2014.8.3 拍摄）

梅圃溪堂（笔者 2014.8.3 拍摄）

梅圃溪堂匾额（笔者 2014.8.3 拍摄）

梅圃溪堂回廊砖额"梅影"（笔者 2014.8.3 拍摄）

十五、梅筑（萧云从）

萧云从（1596—1669），字尺木，号无闷道人，晚号钟山老人，安徽芜湖人。明末清初著名画家，姑孰画派创始人。

萧云从酷爱梅花，每每以梅花自喻，在芜湖城东梦日亭附近筑室种梅，号曰"梅筑"。梦日亭，即今鸡毛山烟厂宿舍附近的王敦城一带，萧云从48岁前一直住在这里。

甲申年（1644），清军大举南下，芜湖于次年（1645）陷入清兵之手，萧云从的住处——梅筑被清兵占作养马房。作为一介书生的萧云从，不愿做清朝的顺民，他像许多明朝遗民一样，携子挑书，迁徙他乡。

萧云从在异乡（今南京高淳区）漂泊三年之后，于1647年的秋天从高淳回到了家乡芜湖，迁居城东萧家巷。眼看着遍栽梅花的故居"梅筑"成了清军的马圈，萧云从感慨万分，写下了《移居诗》6首。其序曰："畴昔小筑于东皋，则迤王处仲梦日亭也，甲申后为镇兵是据，遂毁精舍为圉枥。至丁亥秋，始得携儿子，担书箐，葺秽缉垣，略蔽风雨而家焉。"（沙鸥《萧云从诗文辑注》）萧云从在这里重建了梅花小筑，一直住到去世。

梦日亭附近的梅筑早已无迹可寻，萧家巷的建筑也于咸丰三年（1853）二月在太平军与清军的激战中化为一片废墟。所幸的是，顾平先生在其《萧云从》传记中刊录了萧云从一幅"丁亥除夕灯下书于梅花小筑"的《东皋梦日亭图》，让我们领略了一番尚处于"原生态"中的梦日亭以及鸡毛山的秀美景色。不过，当年萧云从的梅筑到底是什么样子，只能存在于人们的想象之中了。

1986年，为纪念萧云从，芜湖市人民政府在镜湖之畔修建了一座尺木亭，并在亭旁用紫铜铸造了一尊萧云从全身塑像。

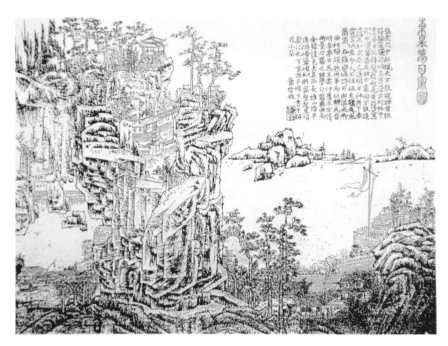

《东皋梦日亭图》

尺木亭（笔者 2013.12.2 拍摄）

尺木亭前萧云从纪念碑文（笔者 2013.12.2 拍摄）

萧云从紫铜塑像（笔者 2013.12.2 拍摄）

十六、梅花书屋（张岱）

张岱（1597—1689），字宗子，
又字石公，号陶庵，别号蝶庵居士，
山阴（今浙江绍兴）人。明末清初文学
家。书房为梅花书屋。

张岱出身仕宦家庭，早年过着衣
食无忧的生活，晚年穷困潦倒，避居
山中，仍坚持著述，一生落拓不羁，
淡泊功名。张岱爱好广泛，颇具审美
情趣，喜欢游山逛水，深谙园林布置

张岱像

之法；既懂音乐，又谙弹琴制曲；善品茗，茶道功夫相当深厚；喜
欢收藏，鉴赏水平很高；又精通戏曲，编导评论都要求至善至美。
前人说："吾越有明一代，才人称徐文长、张陶庵，徐以奇警胜，
先生以雄浑胜。"张岱著有《陶庵梦忆》《西湖梦寻》《三不朽图赞》
《夜航船》等文学名著。

张岱的书房——梅花书屋，建在一座倾颓的老楼后面。张岱在《陶
庵梦忆》中这样记述他的梅花书屋：

> 陔萼楼后老屋倾圮，余筑基四尺，乃造书屋一大间。傍广
> 耳室如纱幮，设卧榻。前后空地，后墙坛其趾，西瓜瓤大牡丹
> 三株，花出墙上，岁满三百余朵。坛前西府二树，花时积三尺
> 香雪。前四壁稍高，对面砌石台，插太湖石数峰。西溪梅骨古劲，
> 滇茶数茎，妩媚其傍。梅根种西番莲，缠绕如缨络。窗外竹棚，
> 密宝裹盖之。阶下翠草深三尺，秋海棠疏疏杂入。前后明窗，
> 宝裹西府，渐作绿暗。余坐卧其中，非高流佳客，不得辄入。
> 慕倪迂"清閟"，又以"云林秘阁"名之。

可见，张岱的梅花书屋简洁雅致，是一个赏心悦目的花园。

2014 年 7 月 10 日，笔者到绍兴考察张岱的梅花书屋。在此之前，能否找到张岱在绍兴的故居遗迹或遗址，笔者心中一直没底，那天上午，笔者受到了绍兴市政协文史委主任、书法家洪忠良先生的热情接待。经洪先生介绍得知，现在的绍兴饭店，包括其中的快园、

绍兴饭店南门（笔者 2014.7.10 拍摄）

鲁园，就是张岱原来的故居所在地。据说，顺治六年（1649）秋，张岱搬回绍兴城里时就租住在快园，并且一住就是 20 多年。根据洪先生提供的信息，笔者很快赶到绍兴饭店。通过实地观察，绍兴饭店约有四五千平方米，院内建筑古色古香，尤其是快园、鲁园，曲径回廊，花木扶疏，更是引人入胜，美不胜收，使人流连忘返。

快园
（笔者 2014.7.10 拍摄）

鲁园
（笔者 2014.7.10 拍摄）

鲁园、快园后面的府山河
（笔者 2014.7.10 拍摄）

十七、梅村（吴伟业）

吴伟业像

吴伟业（1609—1672），字骏公，号梅村，太仓（今江苏太仓）人。明崇祯四年（1631）进士，诗人、词人、戏剧家。清顺治初年，吴伟业从王世贞之子王士骐那里购得一处别墅（贲园），请当时著名的园林建筑师张南垣设计建造，因园中遍植梅花，遂改名为梅村。

张南垣性情幽默诙谐，造园技艺高超，几十年的造园生涯已让他通晓土木性情。据说造园之时，张南垣常常坐在室中一边与客谈笑，一边指挥施工，按照他的布置，山木花石的位置一放而就。山尚未堆成，张南垣已经考虑好了如何建造亭台楼阁，亭台楼阁未建，他已考虑好了如何安置里面的摆设。张南垣为吴伟业设计建造的别墅——梅村，占地百亩，植梅千树，构思巧妙，动静相宜，清雅秀丽。园中胜景有乐志堂、梅花庵、交芦庵、娇雪楼等，从开始兴建到完工，吴伟业用了近18年的时间，这是太仓历史上面积最大的私家园林。梅村建成后，接待过陈维崧、秦松龄、王昊、吴绮、毛师柱等当世名流雅士。梅村别墅是吴伟业一生中最重要的作品。因此，到了晚年，他还以夸耀的口吻对儿子说"吾生平无长物，惟经营贲园，约费万金"。

吴伟业一生酷爱梅花，正像他在诗中说的那样："种梅三十年，绕屋已千树。饥摘花蕊餐，倦抱花影睡。枯坐无一言，自谓得花意。"
（《盐官僧香海问诗于梅村，村梅大发，以诗谢之》）梅花，已经
成了吴伟业生命中不可或缺的部分。

据《太仓地方小掌故》等资料记载，梅村原址在太仓城厢镇长
春村，20世纪80年代中期，旧园（指梅村）"白莲花池"等池塘尚在，
自新建"梅园新村"小区后，一切已无迹可寻了。

梅村别墅旧址——梅园新村（笔者 2014.8.4 拍摄）

十八、十三本梅花书屋（王式丹）

王式丹（1645—1718），字方若，号楼村，江苏宝应广洋湖镇双楼村人。祖先自苏州迁宝应，明洪武初年迁宝应白田。王式丹生于书香门第，勤奋好学，少负文名，但仕途不顺，屡试不中，直到康熙四十二年（1703）才考中状元，当时已年届 58 岁，人称"花甲状元"，授翰林院修撰，参与纂修了《皇舆图表》《佩文韵府》《大清一统志》《渊鉴类函》《朱子全书》《二十一史》等重要著作，并著有《楼村集》25 卷行于世。

王式丹生性嗜梅。据查慎行《敬业堂诗集》卷四〇载，康熙五十一年（1712），"王楼村尝梦至一处，梅花满庭，有一老人杖而入，以杖数云，此十三本以付汝，汝若饥渴时，但吃梅花便是神仙地位也……"王式丹醒来后，甚异之，遂以十三本梅花书屋为室名，并请著名画家禹之鼎依照梦境筑室画中，绘制了《十三本梅花书屋图》。

此图小院内建屋一楹，屋内书卷满架，王式丹倚案握笔沉思，面目清癯，气质不凡。屋前梅树数株，枝干虬曲如铁，红、白梅花灿然怒放，一书童从土墙月洞门外捧书而至。翠

王式丹旧居地址，现为王式丹后人旧居
（江苏宝应政协文史委王强提供）

竹与寒梅相映，书香与花香相和，真乃居住的理想之地。图成后，王式丹遍请当时诗坛、文坛名宿题咏，共有五十多家，成为佳话。

禹之鼎《十三本梅花书屋图》

后来，王式丹因生性恬淡，不喜逢迎，被罢官而侨居扬州。在扬州期间，王式丹淡泊自处，心地坦荡，甘守清贫，与杜紫绶、黄云等结山堂诗社，时常作诗文为乐。据《王式丹年谱》记载，70岁那年，王式丹在扬州出示《十三本梅花书屋图》给朋友们看，可后来此画不慎丢失。三四年后，王式丹的小儿子王懋讷在家乡宝应建了房子，便将其接回老家居住，第二年王式丹就去世了。

王式丹生前没有建造自己喜欢的十三本梅花书屋，直到后来，王式丹的曾孙王嵩高（字少林，1763年进士）费尽周折才将《十三本梅花书屋图》购得。王嵩高对曾祖父之物爱惜备至，并依图构建了十三本梅花书屋，使梦境变成了现实。王嵩高修建的十三本梅花书屋建于乾隆年间其购买的乔莱故居内，道光后该故居又为宝应名人朱士彦所有，现荡然无存。

附：王式丹自题《十三本梅花书屋图》三首

> 梅花公案几重重，东阁罗浮事不同。
>
> 今日披图仙境别，十三株下一吟翁。

铁干冰枝雪几重，筠帘棐几映寒空。

从今且敛和羹手，百首诗成敌放翁。

梅花闲伴醉吟身，嚼蕊含英意象新。

回首东华尘土内，寻蕉觅鹿几何人。

乔崇修[①] 九言长诗一首

君来小园春深梅已无，开篋出示禹叟梅花图。

横斜高下疏密十三本，绕屋不与吾庐风景殊。

清词媚语合继广平宋，石床萝径俨貌孤山逋。

试问画师写此是何意，为言华胥异境良怪遇。

龙眉老人一一亲指授，闲来嚼蕊岂复忧饥驱。

梦回参横月落香何许，只觉香风籁籁留鬓须。

嗟君本是百花头上客，标格不与凡卉齐荣枯。

纷纷红紫从渠竞春艳，落落冰雪终自同仙臞。

孤怀高致芹骨到梦寐，乃遂觏此意外之灵区。

□□弃官未买一区宅，胜地那得放眼千花梿。

广陵留滞空有官阁兴，乡关暂到翻作平原娱。

我闻君来扫室兼布席，酾歌觅句日夕相欢呼。

良会未久便看各南北，吁嗟君非失计吾何愚。

人生所遇何者是真幻，试共披图说梦非模糊。

---

① 乔崇修，王式丹表弟、诗人。康熙五十三年（1714），王式丹致仕回到家乡，乔崇修在纵棹园为之设宴洗尘，王式丹出示《十三本梅花书屋图》，乔崇修以九言长诗作答。

十九、梅寮（马曰琯、马曰璐）

马曰琯（1687—1755）、马曰璐（1701—1761），原籍安徽祁门，后因经营盐业，定居扬州，成为举世闻名的儒商，人称"扬州二马"。兄弟二人对文学、园林艺术颇有研究，淡泊名利，以古书、朋友、山水为好。

大约于清雍正七年（1729），马氏兄弟在扬州建造别墅——街南书屋，因在东关街南，故称。现为酒店。别墅内有十二景，即小玲珑山馆、看山楼、红药阶、透风透月两明轩、石屋、梅寮、清响阁、藤花庵、丛书楼、觅句廊、浇药井、七峰草亭。

马氏兄弟深爱梅花，故在梅寮内植梅养鹤，颇具林逋雅逸遗风。马曰璐曾有诗赞曰："瘦梅具高格，况与竹掩映。孤兴入寒香，人闲总清境。"遗憾的是，当时此地卑湿，易生虫害，总是遭到白蚁的摧残。从别墅建成以来的近十年中，反复栽种了多次梅树，还是难除蚁害。乾隆八年（1743），有客人从南京来，说

街南书屋北门（笔者 2014.10.15 拍摄）

街南书屋西门夜景（笔者 2014.10.14 拍摄）

南京城外的凤台门外满山都是梅花，且姿态奇异，可连土带根一并移来。马曰琯听说后，立即派人乘快船到南京移植梅花。数日后，移来 13 株梅桩。马曰琯携诗友亲自到码头迎接，并作诗为记："红船远载长干里，晕点青铜失研美。十三株比雁柱行，直截云帆渡江水。"（尹文《梅花二友——汪士慎　高翔传》）移栽梅花那年恰巧是闰年，于是马氏兄弟就在梅寮周围栽植了 13 株梅花。梅花栽好后，主人常于冬春之际，邀高翔、汪士慎、厉鹗等吟社诗友，在梅花前诗酒流连。

梅寮（笔者 2014.10.15 拍摄）

2014 年 10 月笔者到扬州考察时，因时间较宽裕，先后于 10 月 14 日夜间和 15 日上午两次到街南书屋考察。现在，梅寮是街南书屋酒店的一处火锅厨房间（时值秋天，尚未使用），梅寮前植有梅花 7 株，均为朱砂红梅，中间一较大梅树为近期栽植，未成活（仅发一年生枝条），蜡梅共 9 株，均长势良好。

梅寮楹联：好风穿户牖　明月入帘栊（笔者 2014.10.15 拍摄）

梅寮前的梅花、蜡梅（笔者 2014.10.15 拍摄）

二十、梅花楼（李方膺）

李方膺（1695—1754），字虬仲，号晴江，又号秋池、借园主人、白衣山人等，江苏南通人。诗人、画家，擅画松、竹、兰、菊，尤长于画梅。先后任山东乐安（今广饶）、兰山（今属临沂）等知县，代理安徽滁州知州等。为官时，有善政，后因不善逢迎被罢官，寓居金陵借园，自号借园主人，为"扬州八怪"之一。

李方膺痴爱梅花，相传他到安徽滁州代理知州时，一到州府便先去探寻欧阳修在醉翁亭手植的梅花，并在梅树下伏地跪拜。李方膺尤爱白梅，故平时喜穿白色服装，并取号白衣山人。

李方膺故居在南通寺街，为朝东的五间普通民居，是典型的清代建筑，现有李家后人居住。故居庭院内栽满梅树，宅内有楼，为李方膺作画处，名曰梅花楼，匾额由清代诗人袁枚题写。"梅花楼

李方膺故居（笔者 2011.8.1 拍摄）

李方膺故居所在的寺街小巷
（笔者 2014.8.1 拍摄）

在州治西，李方膺泼墨处。"（清光绪《通州志》）据崔莉萍《江
左狂生——李方膺传》记载，梅花楼始建于乾隆六年（1741）。

另据地方文献得知，李方膺故居分为三个部分，东部为住宅区，
北面有正房三间，旁有零星偏舍，大门堂位于东南方。西部为一庭院，
靠西墙有一亭子间，庭内卵石铺阶，偏西有石栏水井等，南部为梅
花楼。梅花楼是一座可容纳二三十人活动的比较宽敞的楼房，四周
栽植梅花。李方膺常在梅花楼接待南通的文人保培基、丁有煜和扬
州八怪中的书画家郑燮、李鱓、黄慎、罗聘等人。据南通市政协文
史委员会负责人介绍，梅花楼已于 20 世纪 50 年代被拆除，其大体
位置在现南通邮政局停车场内。

2011 年 8 月 1 日上午 10 点多，在南通市政协文史委员会领导
的帮助下，笔者赶到南通寺街 29 号李方膺故居，虽已知梅花楼不
复存在，但还是想到其故居看看。数次敲门后，一位中年女士推开
一扇沿街的窗子说，"来访的人成百上千，我们应付不了"，婉言

李方膺故居南端的南通邮政局
梅花楼大致在邮政局里面的停车场内
（笔者 2014.8.1 拍摄）

谢绝了。从大门及沿街的房屋看，故居虽然比较破旧，但还比较完整地保留着原来的建筑风格。李方膺故居现为南通市文物保护单位。

李方膺对梅花楼情有独钟，晚年寓居金陵（今南京）借园时，也把借园中的书房称作梅花楼，如美国加利福尼亚大学美术馆所藏李方膺的一幅《梅花图》题曰："轻烟淡月玉精神，洗尽繁华不染尘。岂是梅花偏娇俗，文章五色贵清真。 乾隆十有九年……写于白下借园梅花楼，晴江李方膺。"有时李方膺还把在外地创作的作品也署"写于梅花楼"等，可见梅花楼在他心中的位置。

附记：笔者曾两次到李方膺故居。第一次是 2011 年 8 月 1 日上午，专程考察其故居。第二次是 2014 年 8 月 1 日下午，笔者到南通考察张謇的梅垞和徐贯恂的梅花山馆时，因徐贯恂的梅花山馆也在寺街，因此三年后的同一天（8 月 1 日），又去了李方膺故居，文中所配图片，是这两次拍摄的。

二十一、梅花书屋（管干贞）

管干贞（1734—1798），原名翰，字阳复，号松崖。江苏常州人。清乾隆三十一年（1766）进士，历任翰林院编修、御史、内阁学士、工部侍郎，乾隆五十四年（1789）起任漕运总督（从一品），居官清廉，刚正不阿。嘉庆元年（1796）被革职，两年后去世。管干贞还是一位大画家和学者，其画有盛名，是常州画派的著名画家，擅画花鸟，尤精于着色牡丹。学术上工诗文，于经学、小学、史学颇多研究，著有《五经一隅》《明史志》《松崖诗钞》等十余种文集。

管干贞故居位于常州前北岸 27—28 号，原是管干贞六世祖管绍宁的"探花第"，始建于明崇祯年间，清代有南北纵向八进、偏宅数进。民国初年，北面三进中的两进平房一进楼房焚于一旦。照壁、门厅与轿厅在 20 世纪 70 年代初改建为商业用房。现在管干贞故居仅存中轴线主宅三进与后厅西侧偏宅三进。

江苏常州前后北岸牌坊（笔者 2014.10.13 拍摄）

　　第三进为故居的精华所在。三开间的楠木大厅，为明代抬梁式建筑，楠木梁柱十分粗大，为江苏省内所罕见。楠木厅后有一夹弄，可通向后厅（又称内厅）。后厅有房间三正两耳，两侧耳房略小，旧时为主人书斋，小院门上书"东壁图书、西院翰墨"斗方大字，院中植梅花、石榴等，书斋名"锡福楼""梅花书屋"。

　　管干贞故居现为常州市、江苏省文物保护单位，已修缮完好，但尚未对外开放，故笔者到此考察时，没能到故居内一睹当年主人居所的陈设和梅花书屋的风貌。

管干贞故居（笔者 2014.10.13 拍摄）

二十二、梅花阁（吴克谐）

吴克谐（1735—1821），字夔庵，晚号南泉老人。浙江桐乡人。吴克谐自幼喜欢绘画，每见实物，临摹绘画，勤学苦练，山水画取法名家王翚，中年后与兄吴行简同入镇江太守谢启昆幕中。后谢启昆因"东台书案"牵累，差点入狱，靠吴克谐多方奔走而脱身。谢启昆为感恩，贷银五万两给吴氏兄弟二人，并将在乌镇的一家典当行赠给吴克谐。吴克谐悉心经商，家境日渐富裕，于是在洲泉东郊南泉村的祖宅上大兴土木，颜其堂曰"树滋"，并于宅后筑小园，凿池叠石，栽树补竹，建南泉书屋、秋水轩、二十八砚斋、梅花阁等。

吴克谐二十八砚斋，即绿色植物后面的二层楼房（笔者 2014.7.7 拍摄）

吴克谐一生喜梅、植梅、画梅，自称梅花阁主人，曾有《梅花小影记》云："余性于花木，无不爱，而尤酷与梅居。尝自念人生有田一区，屋一厘，种梅数十本，构小阁其间，名之曰'梅花阁'，以终老于上，亦野人之至乐矣。年二十，手作印曰'梅花阁主人'，以自寿亦劢也。戊戌（1778）春，始获种梅，筑室于南泉之上。"（*颜剑明《水韵洲泉》*）从这段文字得知，吴克谐早在 20 岁时，就自刻"梅花阁主人"印，自己向往能有个地方，建几间房子，种上几十株梅花，自得其乐，而直到 43 岁时才实现了这个愿望。吴克谐曾在一首《题南泉书屋壁》诗中记载此事，诗曰："幕府青袍感发苍，言归村落起茅堂。清泉绕屋琴书润，曲水临轩翰墨香。阁有梅花春孕雪，庭余老朴夜凝霜。斋头古砚藏盈百，妙选无过廿八方。"

随着时间的推移，当年吴克谐建造的房屋已所剩无几。2014 年 7 月 7 日，笔者到洲泉镇合兴村考察时，只有一幢二层的建筑尚存。据有关专家考证，这是当年吴克谐的"二十八砚斋"，其他建筑（包括梅花阁）均毁于战火。该房屋无人居住，门口也无门牌号，二层东墙已明显倾斜。"二十八砚斋"的前面被后来建的几幢楼房遮挡，只能绕到后面才能看到房屋的大部。

合兴村（吴克谐故居前）今日之街景（笔者 2014.7.7 拍摄）

二十三、梅竹山庄（章黼）

章黼（约 1777—1857），字次白，钱塘（今杭州）人。博学多才，性高洁，好读书，喜字画，善交友，一生所交好友多为江浙诗坛画界名流，如奚冈、陈鸿寿、高树程、费丹旭、戴熙等。

章黼平时住杭州城里，西溪是他的常游之地。西溪，自古多庙庵别业，是文人墨客、高人雅士避世寻隐的上选之地。因为钟情那里清幽的风景和梵隐的氛围，1803 年，章

章黼像

黼在西溪之阴、泊庵南面丘家门附近建造了自己的别墅——梅竹山庄，并自署楹联曰："一百年岁月几何，仅消磨罗隐功名向平昏嫁；十八里溪山无恙，且依恋松楸余荫梅竹清风。" 梅花象征孤标傲世，竹子代表高风亮节，以"梅竹"命名，正体现了山庄主人的品格与追求，因此梅竹山庄深得朋友们的赏识与赞美。从此，章黼城里、城外两头跑，数十年往返于城里与西溪之间，梅竹山庄成了他读书、憩歇和邀约文人墨客雅集的场所。

山庄原有茅屋两间，堂内四壁挂满了名人字画，篱墙园内多古梅修竹，正所谓"梅香细绕舍，竹翠低映亭"。山庄建成后，章黼常邀文人雅士到此处饮酒、唱和、作画，如书画家奚冈、高树程等为其作《梅竹山庄图》，许多好友如戴熙、费丹旭、陈鸿寿等也纷

纷为之歌咏题诗，后由章黼辑成《梅竹山庄图咏》刊出，为研究西溪历史文化留下了一笔宝贵的财富。有趣的是，此画册从 1803 年到 1859 年正式完成的 56 年间，共有 56 位（后来增加到 64 位）杭州文人留下了墨宝。该画册现存杭州。

梅竹山庄后在太平天国运动中被毁。现在的梅竹山庄是 2005 年恢复重建的，主要有梅竹吾庐、萱晖堂、虚阁、浮亭等，其周围增补梅花数百株，并植修篁莳花，境幽而雅胜，是西溪湿地公园的八景之一。

梅竹山庄门坊（笔者 2010.2.22 拍摄）

梅竹吾庐——章黼会客场所（笔者 2010.2.22 拍摄）

浮亭——章黼赏景览胜、把酒吟诗之处（笔者 2010.2.22 拍摄）

奚冈《梅竹山庄图》

画面题诗云："一日便教成两日弹，弹琴长啸复何如。林泉小占清虚境，容膝茆堂好读书。
万卷为巢系静思，此中佳趣有谁知。疏筠弄影梅舒白，正是春风独坐时。"

戴熙《梅竹山庄图》

画面题《清平乐》词云："一家眷属，人与梅花竹，客到主人新睡觉，
花影满身如鹤。　门前流水溅溅，篱根明月娟娟，依雪偎云醉倒，不知梦在谁边。"

费丹旭《梅竹山庄图》

高树程《梅竹山庄图》

画面题诗云："一样西溪住，书堂乐不支。敲诗来竹下，打酒过花时。
翠坞藏仙宅，冰天苗玉枝。便教清兴发，莫负岁寒期。"

二十四、补梅书屋（林则徐）

林则徐像

林则徐（1785—1850），字元抚，又字少穆、石麟，晚号俟村老人、俟村退叟、七十二峰退叟、瓶泉居士、栎社散人等。福建侯官（今福州）人，嘉庆十六年（1811）进士，清朝后期政治家、思想家和诗人。官至一品，曾任湖广总督、陕甘总督和云贵总督，两次受命为钦差大臣。因其主张严禁鸦片、抵抗西方的侵略、坚定维护中国主权和民族利益而深受世人敬仰。

林则徐纪念馆，位于福州南后街澳门路（笔者 2014.3.18 拍摄）

林则徐爱梅。嘉庆九年（1804），19 岁的林则徐参加乡试，成 29 名举人。放榜当日，林则徐正式迎娶郑淑卿为妻。新婚燕尔的林则徐离开家人前往京师参加会试，结果落榜，经历了人生路上的第一次重

林则徐祠堂——福建省文物保护单位
（笔者 2014.3.18 拍摄）

大挫折。但是，林则徐并没有因此而灰心丧气。"不经一番寒彻骨，焉得梅花扑鼻香？"林则徐认为自己还没有经历"寒彻骨"的磨练，

林则徐纪念馆——树德堂
（笔者 2014.3.18 拍摄）

林则徐纪念馆——树德堂大厅（笔者 2014.3.18 拍摄）

林则徐塑像（笔者 2014.3.18 拍摄）

所以回乡后就在福州北库巷开班授徒，等待下一次会试。林则徐把自己教书的小屋取名为"补梅书屋"[①]，屋中对联写道："屋小朋侪容膝久， 家贫著作等身多。"

林则徐在福州生活居住的场所有好几处，祠堂在澳门路，出生地在左营司巷，补梅书屋在北门附近的北库巷，等等。

---

① 1918 年，林则徐侄孙林扬光修缮其住处北库巷的别墅时，曾在一披榭板壁外墙发现"补梅书屋"横额。

2014 年 3 月，笔者到福州参观林则徐纪念馆后，根据景点工作人员的指引，赶到福州北门附近寻访北库巷及补梅书屋。然而，笔者在近两个小时的时间里，询问了当地警察、市民和沿街的经营者，还咨询了 114 查号台等，都没有实质性的收获。最后，一位坐在路边藤椅上休息的老先生告诉笔者：北库原来是清朝末年的仓库，现就在省政府里面，巷子（指北库巷）就不知道了，也许还在里面，也许是拓宽附近的华林路时拆掉了。看来，北库巷很可能在旧城改造中被"改造"掉了，补梅书屋也只能留在人们的想象中了。

林则徐纪念馆御碑亭（笔者 2014.3.18 拍摄）
内有三块青石碑，上面镌刻有 1850 年清咸丰皇帝在林则徐去世后送给林则徐的文章。
文章分三部分，即"御赐祭文""御制碑文""圣旨碑"。
抱柱联曰："苟利国家生死以，岂因祸福避趋之。"

二十五、二梅书屋（林星章）

林星章（1797—1841），字景芸，又字锦云，号古畬、坦甫，福建福州人。道光六年（1826）进士，历任广东石城、新会知县，署理龙门、茂名知县，擢化州知州，授广东乡试同考官等职。地方志专家。

林星章爱梅，曾在书房前栽植两株梅花，故称"二梅书屋"。现在，二梅书屋已成为林星章整个故居的代名词。

郎官巷（笔者 2014.3.18 拍摄）

二梅书屋始建于明末，坐落在福州三坊七巷郎官巷与塔巷之间，一屋跨两巷，建筑面积2000余平方米，坐南向北，正门在郎官巷25号，后门在塔巷25号，前后东西共五进，是福州典型的明清民居代表，具有很高的历史、建筑和艺术价值。

书斋二梅书屋位于宅院的中心，是主人收藏书画、吟诗修文的场所。房前两株宫粉型梅花，一单干，一双干，单干梅花长势较好，而双干梅花长势很弱，主干流胶，部分主干已干枯。据笔者观察，此院通风不好、光照不足，是梅树长

塔巷（笔者 2014.3.18 拍摄）

二梅书屋（笔者 2014.3.18 拍摄）

势较弱的主要原因。现在急需采取措施，消除病害，加强管理，恢复树势。二梅书屋的东侧有一灰塑雪洞——七星洞，这是当年主人的"空调间"，可通连其他院落。二梅书屋内部的布置古

二梅书屋匾额（书法家刘少英先生题）
（笔者 2014.3.18 拍摄）

色古香、典雅别致，书桌前，蜡像主人在书童的服侍下正研读诗文，形象逼真，栩栩如生。

二梅书屋于 2006 年被公布为第六批全国重点文物保护单位。

林星章（蜡像）在书房内研读诗文（笔者 2014.3.18 拍摄）

二梅书屋内联语（笔者 2014.3.18 拍摄）

二十六、梅石山房（黄宗汉）

黄宗汉（？—1864），字寿臣，福建泉州人。道光年间进士。1852 年任浙江巡抚，1854 年擢四川总督，后官至两广总督兼五口通商大臣，是清末一位主战派爱国官员。

黄宗汉在任四川总督期间，得一梅花石，十分喜欢，遂派人将此石运回福建泉州，立于书房院内，并将书房命名为梅石山房。

梅石山房是黄氏家族三大书房（梅石山房、一六书房、三余书房）之一，位于福建泉州鲤城区玉犀巷（原为鲤城区政协驻地，现为鲤城区诗词学会、政协老委员联谊会等单位所在地）内。2014 年 3 月

梅石山房旧址（笔者 2014.3.17 拍摄）

17 日笔者到此考察时，正巧遇见黄氏家族后裔黄永砭先生。据黄老先生介绍，原来的梅石山房为二层木质结构，清末已毁。现在其遗址处修建的办公楼是二层楼房，钢筋混凝土结构。山房院内的假山、

围栏内的梅花石
（笔者 2014.3.17 拍摄）

古井、石桥等保存完整，一株白兰、一株椰榆的树龄均在百年以上，仍郁郁葱葱，生机勃勃。梅花石立于院内的梅花石基座上，石后栽一罗汉松，树龄在 15 年左右。梅花石四周及顶部有钢管围栏保护。梅花石高 175 厘米，宽 95 厘米，厚 40 厘米，画面疏影横斜，暗香浮动，如寒空飞雪，冰花万点。到了夜间，梅花石在灯光下熠熠生辉，莹光闪闪，冷艳皎洁，美丽动人。当天下午

在梅花石前，黄老先生绘声绘色地介绍了梅花石的四个显著特点：一是此石是福建目前发现的最完整的一块梅花石，根、干、枝、花、蕾、蕊俱全，有强烈的立体感；二是此石正面为钟乳石，呈毛绒毯状；三是此石正、反面为两种石质，正面是钟乳石，反面是黑色花岗岩，虽对比明显，却浑然天成，令人惊叹；四是此石从来不生青苔，即使在黄梅季节，淫雨霏霏，石头的表面仍非常清亮。

梅花石背面（笔者 2014.3.17 拍摄）

　　150 多年来，这块神奇的梅花石备受世人的关注和爱护，海内外许多人士慕名前来观赏，甚至有人开出高价收购。1983 年，北京故宫博物院副院长单士元先生到泉州考察时，见到此石，大为惊异，激动地说："国宝！国宝！要好好保存！"

梅花石局部（笔者 2014.3.17 拍摄）

　　考察归来后，笔者有几点想法总是萦绕在心头：一是梅花石周围的钢管护栏影响了梅花石的观赏效果，那么能否安装监控设备来保证梅花石的安全呢？二是梅花石后面如果栽植的不是罗汉松，而是梅花，效果应该会更好一些；如担心梅花石基座内空间较小不利于梅花生长或者担心梅树长大后影响梅花石的稳固，可在梅花石的旁边栽植一株或数株梅花。三是黄宗汉的故居（包括梅石山房）部分遗迹保存尚好，且规模较大（镇抚巷与玉犀巷之间的一大片都是当年黄宗汉的家业，现均为保护地带），如尽早将其修缮恢复并对外开放，就能更好地满足世人多方面的文化需求。

二十七、大梅山馆（姚燮）

姚燮像

姚燮（1805—1864），字梅伯，号复庄、野桥、大梅山民、疏影词史、疏影楼主、二石生等。浙江宁波人。善诗词、曲、骈文，长于绘画，尤工画梅。

姚燮虽然才高学富，但在科场上很不得意，他五次北上京考，次次落第，遂不复仕进，在家坐馆教学，发奋著述。姚燮一生创作诗词12000余首，有"浙东杜甫"之美誉。

姚燮一生爱梅，自称"一生知己是梅花""平生画梅几千幅"。

姚燮故居院内现状（笔者 2014.7.11 拍摄）

中年以后,姚燮靠卖墨梅所得,在距姚家斗不远的东岗碶村(一说在大梅山麓)建一书楼,藏书逾万卷,房前屋后广植梅花数亩,以示所好,名为大梅山馆,并在此吟诗作画,研读《红楼梦》、编辑《今乐府选》等。

2014年7月11日笔者到大梅山馆考察,上午到了姚家斗村委,说明来意后,村主任安排一位金姓先生带笔者去了姚燮故居。在姚燮后裔的带领下,我们从大院到小院,从后门到前门,转了几个来回。姚燮故居现在还有20多间房屋,且大部分保护较好,只有少部分维修过屋顶的架构和房瓦。笔者问及姚燮的情况,他们说只知是姚燮的故居,但不知他当年住哪间房子,也不了解姚燮晚年建大梅山馆之事。于是,笔者根据原来掌握的资料信息,与在此等候的出租车径奔东岗碶村。

东岗碶村远望(笔者 2014.7.11 拍摄)

东岗碶村距离姚家斗大约有六七里路远,该村因附近有一垃圾处理厂,前几年村边又修高速公路,所以几年前就搬迁了一些村民。最近新型社区改造,东岗碶村又与其他两个村庄组建了新的社区,所以这次笔者去时，东岗碶村已基本搬迁完毕。姚燮当年建造的大梅山馆已难觅踪迹。

令人欣慰的是，笔者近日翻阅林姝《〈大梅山馆诗意图〉研究》时，偶然发现其中一幅《万古名山斗室春图》。此图正是任熊根据姚燮诗意绘出他在此寓居时的大梅山馆的。[①]图中描绘一藏书颇丰的书屋，掩映在盛开的梅林之中。室内人物皆吟诗作画、潜心研读，对室外梅红竹翠、春意盎然的景色浑然不觉，只有外面的一个书童，似乎在边走边欣赏这迷人的春色。画面环境优美典雅，人物传神生动。通过此图，我们好像感受到了大梅山馆当时的建筑风格、藏书规模和优美的居住环境。

任熊《大梅山馆诗意图》之《万古名山斗室春图》

① 清道光三十年（1850）冬，任熊寄居在姚燮的大梅山馆，历时两个多月，根据姚燮诗意，创作《大梅山馆诗意图》120幅，于咸丰元年（1851）上元日（元宵节）完成。这120幅作品构图奇突，造型奇异，内容包罗了人物鬼神、花鸟虫鱼、楼台仙阁，种种奇姿妙态，匪夷所思，是中国近代绘画的赫赫名迹，为任熊传世绘画的代表作。

二十八、香雪草堂　四梅阁（潘遵祁）

潘遵祁（1808—1892），字觉夫，别字顺之，自号西圃，江苏苏州人。道光二十五年（1845）进士，工画花卉。

潘遵祁性格恬淡好古，不趋荣利，为官两年后称病归故里，应聘紫阳书院主讲，热心社会公益，曾捐田千亩，创办松麟义庄等，后隐居光福邓尉山，在倪巷村筑一别墅——香雪草堂，不久得南宋扬补之《四梅花》图卷，随后又在堂西筑四梅阁，画家戴熙曾为其绘《四梅阁图》。潘遵祁在此享山居之乐达 40 余年。

邓尉倪巷村在苏州邓尉香雪海斜对过，昔日的香雪草堂和四梅阁已杳无痕迹，但倪巷村的梅文化氛围非常浓厚，村头巨型影壁上书有"香雪倪巷"四个大字，就连该村墙壁上的"村规民约"也衬有大型的梅花作品。

光福倪巷村街景之一——香雪倪巷影壁
（笔者 2014.8.8 拍摄）

光福倪巷村街景之二
——壁梅与村规民约
（笔者 2014.8.8 拍摄）

在邓尉山"香雪海"远眺倪巷村（笔者 2014.8.8 拍摄）

　　苏州的潘遵祁故居还在，位于白塔西路 13、15 号和西花桥巷 4 号，现仅存大厅和几座楼厅。从现存遗迹看，故居建筑雄伟，工艺精细，主体建筑基本完好，但原来的雕刻、油漆等细部装修已明显风化、脱落，亟须进行抢救性修复。

潘遵祁故居，尚未对外开放（笔者 2014.8.8 拍摄）

二十九、锄月轩（顾文彬）

顾文彬（1811—1889），字蔚如，号子山，晚号艮盦。江苏苏州人。道光二十一年（1841）进士，官至浙江宁绍道台。酷爱收藏，精于赏鉴。

顾文彬自幼喜爱书画，娴于诗词，尤以词著名，后厌倦官场，称疾辞官归里后，于同治、光绪年间在明代尚书吴宽旧宅遗址上营造9年，耗银20万两，建一别墅，取《论语》"兄弟怡怡"句意，名曰怡园。怡园占地面积约9亩，位于苏州人民路43号，1963年被列为苏州市文物保护单位，1982年被列为江苏省文物保护单位。

苏州怡园（笔者2014.8.8拍摄）

怡园的主要建筑有玉延亭、四时潇洒亭、坡仙琴馆、岁寒草庐、南雪亭、锄月轩（梅花厅事）等。其中锄月轩取意于宋代刘翰"惆怅后庭风味薄，自锄明月种梅花"，为披着月色锄地种梅之轩，体现了怡园主人归隐田园后恬静安宁的心境。锄月轩前原有联曰"今日归来如作梦，自锄明月种梅花"。

锄月轩（梅花厅事）（笔者2014.8.8拍摄）

锄月轩（梅花厅事）内景
（笔者2014.8.8拍摄）

锄月轩为鸳鸯厅，南半厅为锄月轩，是怡园的主体建筑之一，轩内正面有"梅花厅事"匾额和《怡园记》木刻。内部装饰古朴典雅，轩前空地叠有不规则湖石花台，上立石峰，高低错落，种植牡丹、芍药、杉、桂、白皮松等名贵花木。花台以东有梅花数十株，枝干苍劲，长势茂盛，笔者去时虽然不是

花期，但仍能感受
到梅花特有的韵味
和美感。在锄月轩
（南半厅），冬天
可踏雪寻梅。北半
厅称藕香榭，又名
荷花厅，夏天可自
平台赏荷观鱼，其
乐融融。

锄月轩前的梅花（笔者 2014.8.8 拍摄）

藕香榭（笔者 2014.8.8 拍摄）

三十、梦梅轩 香雪斋（魏燮均）

魏燮均（1812—1889），初名昌泰，字子亨。幼时，尝梦入九梅村探梅，又自号九梅居士、九梅村逸叟、九梅村主人等。后因仰慕郑板桥（名燮）之为人，遂改名为燮均。辽宁铁岭人。初居铁岭城南八里庄一带，37岁时迁居铁岭城南40里处的红杏山庄（今铁岭李千户乡红杏屯），工诗，善书。著有《九梅村诗集》《香雪斋笔记》《梦梅轩杂著》等，

魏燮均像

有"文压三江王尔烈，字震九州魏子亨"之誉。

魏燮均喜读书，性恬淡，不慕名利，从年轻时就爱梅。道光十年（1830），魏燮均梦友人邀之探梅，他们走入几间茅屋中，见9株梅花绕屋，皆放，门榜一额，曰"香雪斋"，末署"九梅主人题"，室中床几雅无纤尘，架插古书，壁悬墨梅，典雅可爱。此后，魏燮均便以梦梅轩、香雪斋作为自己的斋号。魏燮均勤奋为诗，一生创作了3000多首诗歌，其中有许多赞美梅花的诗篇。

2013年11月5日，笔者到铁岭考察魏燮均故居。遗憾的是，据铁岭魏燮均研究会会长于景颀先生介绍，魏燮均在红杏屯居住期间，几次搬迁，其故居只有记载，没有实物，靠猜测已无实际意义了。但令人欣慰的是，在铁岭期间，于先生把手头有关魏燮均的资料提供了一些给笔者。后来，铁岭年轻学者范君先生也给笔者提供了《九梅村诗集校注》、魏燮均故居遗址及其后人的民居等诸多珍贵资料。

铁岭魏燮均研究会会长于景频先生在所提供资料上签字留念
（笔者 2013.11.5 拍摄）

附：魏燮均《九梅梦诗并序》

　　庚寅十月，既望之夕，寒甚。与友人拥炉共话，倦而思寐。斯时雪月交辉，皎如白昼，即息烛就寝焉。忽梦友人罗子钧至，邀余探梅。询其处，曰："九梅村。"相与出门径去。行约十数里，忽阻一溪。翘望雪光中，仿佛若有村落。适有板桥可通，余曰："'不嫌寒气侵人骨，贪看梅花过野桥。'可为今日咏之。"过桥行数里，清风洒至，时有冷香袭人。罗喜曰："行将近矣！"但见雪月茫茫，树木庐舍不甚可辨。少顷，入村，阒若无人。惟茅屋数椽，疏篱护焉。九株梅花绕屋，皆放。余甚乐之。径与登堂小憩。见门榜一额，曰"香雪斋"，末署"九梅主人题"。室中床几，雅无纤尘，架插古书，壁悬墨梅，古老可爱。坐玩良久，顿忘初历，恍若凤经。视案头有诗一卷，展阅殆类已作，疑之。罗笑曰："君非此间主人乎？何竟忘宿世耶？"余益悟为己之故居。适床头有酒一榼，于是携酒共酌于梅下。酒酣，各赋诗数章。正相击节，忽然惊寤。起视明月初斜，村鸡未唱。回忆前诗，渐次遗忘。仅记罗两句云："一段寒香清到骨，月明人醉九梅村。"噫！岂余前生果为九梅主人耶？抑幻想而成奇梦耶？援笔志之，并系以诗。

雪夜风寒紧闭门，有人招赴九梅村。
看花顿入罗浮梦，踏月翻离处士魂。
野水一溪通客迹，小桥三板印霜痕。
茫茫遍地银沙白，两眼迷离望欲浑。

陡觉香风冷袭人，到村清绝净无尘。
梅花九树开成雪，茅屋三间结少邻。
惟有月光寒引客，更无鹤影瘦随身。
分明行绕疏篱畔，谁问癯仙是假真？

小憩同登香雪斋，雅无尘涴喜徘徊。
空堂阒寂谁安榻，古壁淋漓半画梅。
顿忘身随良友到，转疑我是主人来。
案头诗卷频翻阅，仿佛曾经旧日裁。

笑取床头酒一壶，起看梅影月明铺。
篱边酌久人初醉，花下吟成句亦癯。
境是梦中如现在，诗从醒后渐模糊。
浮生一觉凭谁问，曾否今吾即故吾？

三十一、梅雪山房（彭玉麟）

彭玉麟（1816—1890），字雪琴，自号退省庵主人。湖南衡阳人，出生于安徽安庆。官至兵部尚书，是清咸丰、同治年间的"中兴名臣"，与曾国藩、左宗棠被誉为"大清三杰"。为官清正廉洁，秉性刚直，不畏权贵，光明磊落，平易近人。善诗文，喜画梅。室名梅雪山房。

彭玉麟早岁曾与梅仙（一说梅姑）有白头之约，后梅仙父母将梅仙另嫁，梅仙殉情以报。梅仙死后，彭玉麟痛不欲生，发誓今生"许作梅花作丈夫"（彭玉麟诗句），毕生画梅、咏梅，终生画梅万本，以纪念自己青梅竹马的恋人。

2014 年 6 月 11 日，笔者专程到衡阳彭玉麟故居，主要是想了解彭玉麟"梅雪山房"的有关情况。那天上午，笔者坐在车上，想到一会儿就能看到具有"英雄肝胆儿女心肠"（彭玉麟闲章用语）的传奇式人物故居，心情特别好。公路两边的樟树、竹子、杨树等

彭玉麟故居外面观（笔者 2014.6.11 拍摄）

青翠欲滴、郁郁葱葱，两边的柳叶桃时而露出粉红色的笑脸，远处高高低低的山丘时隐时现，大块儿大块儿的水稻一片葱绿。

大约 40 分钟后，笔者到达渣江镇。由于没有开往和睦村的车，笔者就租了一辆摩托车径奔彭玉麟故居。

彭玉麟故居（笔者 2014.6.11 拍摄）

管理彭玉麟故居的是一位退休教师彭朝应先生，笔者简要说明来意后，彭先生热情地介绍了彭玉麟故居的历史及现状。他说，彭玉麟故居始建于明末清初，1949 年发洪水时，和睦村被蒸水河和小对河夹击，彭玉麟故居在这场洪水中坍塌了。2013 年，在和睦村支部、村委的努力下，筹集资金，将彭玉麟故居恢复。

彭玉麟故居为两层楼房，面阔三间，砖木结构，简洁明朗，古朴淡雅。正堂供奉彭玉麟像，两侧为卧室和部分家具。室外栽植了部分梅花，品种均为美人梅。稍事参观后，笔者指着正堂墙上展览的彭玉麟的事迹之一——"为情画梅、咏梅，视梅为知音"，询问彭玉麟的梅雪山房是否与梅仙有关，彭先生的回答是肯定的。当笔者问及梅雪山房指的是哪里以及梅雪山房的由来时，彭先生说："梅雪山房不是这里，到底在哪里我们现在也搞不清楚，但肯定与梅仙有关。"

中午笔者在渣江镇简单吃了午饭，就赶回衡阳县城，并从衡阳县城及时坐车赶回衡阳市区，见天色尚早，又打车去了衡阳湘江东岸的退省庵。退省庵展有彭玉麟生平事迹和部分书画作品，后面院子里有梅花、楹联石刻，还有体现彭玉麟与梅仙恋情的青铜雕像等，但笔者仍未发现有关梅雪山房的资料。

2014 年 7 月 6 日，笔者到杭州皋亭山考察王昶的友梅轩时，又去了西湖，想考察彭玉麟晚年在小瀛洲岛上建的退省庵。遗憾的是，此岛现在已不对外开放，谢绝游客参观。

衡阳湘江东岸退省庵（笔者 2014.6.11 拍摄）

衡阳退省庵青铜雕像"梅姑恋情"
（笔者 2014.6.11 拍摄）

归来后，笔者翻阅了岳麓书社出版的《彭玉麟集》（全三册），也未发现有关梅雪山房的实质性资料。笔者认为梅雪山房也许本来就不是实指，就像彭玉麟"乱写梅花十万枝"来怀念梅仙一样，他取两人的名号作为自己的室名（彭玉麟字雪琴，恋人名梅仙），以此种方式来表达自己对梅仙的怀念之情！看来，梅雪山房到底由来如何，有无实际处所，还需进一步探讨研究方能得知。

衡阳退省庵内的梅花与石刻（笔者 2014.6.11 拍摄）

三十二、守梅山房（傅岱）

傅岱（1822—1880），字应谷，号江峰，浙江诸暨人。傅岱从小勤奋好学，才识渊博，本想求取功名，但屡试不中。于是傅岱放弃科举之念，转而授学讲课。婚娶后，相继有了长子傅振海、次子傅振湘，为了培养孩子成才，傅岱不再外出教学，就在梅岭下建了几间房子，名曰守梅山房。此后，傅岱便把所有精力都用在对孩子的培养教育上，让孩子多读书，通古今，知四方。由于他因材施教，教子有方，两个儿子都成了饱学之士。

太和堂内"守梅山房"碑刻（笔者 2014.7.9 拍摄）

光绪十八年（1892），傅振海回家探亲，这时其父傅岱已去世十多年。为怀念父亲，傅振海特意来到当年父亲授课的地方，见草庐依旧，唯父亲已去，睹物思人，感慨万千。傅振海便向好友、画家胡寅（字琴舟）倾诉此事。胡寅被傅家父子的深情所感动，就根

胡寅《梅岭课子图》

据傅振海的表述，画了一幅傅岱结庐教子的画卷。傅振海非常高兴，随即命名为《梅岭课子图》，并请自己的老师俞樾题写图名。其后，傅振海无论公务私事，外出游历走访，都将此图带在身边，一有机会就向人展图观赏，并请求名人题咏。32 年间，先后有 73 位学士为其作传、写序、赋诗、题字等。

梅岭课子图（俞樾书）

梅岭课子图
（清同治状元徐颂阁书）

1986 年，诸暨县史志办在搜集地方文献中，发现了《梅岭课子图》的两轴(共三轴,其中一轴未征集到) 书画长卷，后由诸暨县档案局实质性启动对《梅岭课子图》的抢救、保护和利用工作，并申请了专项资金。2009 年秋，由西泠印社以古籍书彩色形式出版了这部无价之宝。

2014 年 7 月 9 日上午，笔者到诸暨考察守梅山房时，诸暨梅花界同仁陈树茂先生陪笔者到诸暨档案馆观赏《梅岭课子图》(事先已通过诸暨市审计局局长陈伯永先生介绍引见)。观赏期间，档案局局长杨国忠先生和时任档案局副局长张立群先生念及笔者为此图从山东远道而来，便商定从馆藏中拨出一套《梅岭课子图》赠送，笔者喜出望外，激动不已。

下午，我们几位梅花同仁带着这套《梅岭课子图》来到梅岭山下的新胜黎明村，在该村村民傅参高①老先生的带领下，一起参观了太和居。太和居原为太和堂，是傅家原来用以祭祀祖宗和族人举行红白公事的地方。太和居大门里面两侧分别镶嵌着俞樾手书的"守梅山房"和"梅岭课子图"两块碑刻，只是原来的守梅山房已难觅踪迹了。

《梅岭课子图》（全三册）

太和居（笔者 2014.7.9 拍摄）

---

① 傅参高，时年85岁，"文革"期间，《梅岭课子图》被清理出来，要烧掉，幸由傅参高保护了下来。

三十三、十三本梅花书屋（王凯泰）

王凯泰（1823—1875），字补帆，江苏宝应人。道光三十年（1850）会试第二名。入翰林院，选庶吉士，散馆授编修。历任浙江按察使、广东布政使、福建巡抚等职。任职期间，王凯泰课吏兴学，裁决陋规，颇有政绩，1875 年卒于任上。

王凯泰一生爱梅。清同治七年（1868）冬天，王凯泰到广州任布政使期间，在广州越秀山麓应元宫前面空地建应元书院，于 1869 年动工，是年 9 月建成。1870 年，王凯泰又在应元书院内建十三本梅花书屋。原来，王凯泰的五世伯祖王式丹是康熙四十二年（1703）的状元，王式丹居所名为十三本梅花书屋。当时，王式丹请人绘制了《十三本梅花书屋图》，并以此图广为征诗，一时传为佳话。因此，应元书院建成后，王凯泰便依样在院内盖了三间房屋，用墙围起来，

福州西湖书院（笔者 2014.3.18 拍摄）

并种上 13 株梅花，其用意是想让广东的举子们都向自己的五世伯祖学习，个个中双元。该书屋现已难觅踪影，遗址在广州市第二中学内。

1870 年，王凯泰到福州任福建巡抚，在任职的五年间，他先后在福州的绘春园、西湖书院、乌石山等处三建十三本梅花书屋。

绘春园即现在的城南公园。王凯泰到福州赴任后，曾捐金修复该花园，广植梅花，修建十三本梅花书屋，并亲笔题写十三本梅花书屋斋额。不过，2014 年 3 月笔者到此公园考察时，见

福州城南公园大门（笔者 2014.3.18 拍摄）

此处环境较差，管理一般，远不及乌石山、西湖公园。原来的十三本梅花书屋早已倒塌湮没。

西湖书院在今福州西湖公园内。2014 年 3 月 18 日下午，笔者到西湖公园考察时，公园内花红柳绿，游人如织，管理精到，环境优美。西湖书院坐落在西湖公园的西南角，占地七八亩。1873 年，王凯泰曾在已倾颓损毁的西湖书院旧址上建致用堂（1874 年后称致用书院），并在书院内修建十三本梅花书屋（现在已无痕迹）。2008 年，西湖公园在书院旧址修建一系列古典建筑时，虽没有恢复王凯泰的十三本梅花书屋，但在书院内的墨池亭前栽植了 15 株梅花（其中朱砂型梅花 14 株，绿萼型梅花 1 株）。据说，这是根据王凯泰十三本梅花书屋的典故而种植的，但不知何故，栽植的梅花不是 13 株，而是 15 株。

西湖书院墨池亭（笔者 2014.3.18 拍摄）

墨池亭前的部分梅花（笔者 2014.3.18 拍摄）

乌石山，又称乌山。因为当时西湖书院的所在地地势低洼，屡遭洪灾，后来王凯泰就将西湖书院内的致用堂连同十三本梅花书屋一起搬到了乌石山范公（范承谟）祠左侧。据清人郭柏苍著《乌石山志》记载，"光绪二年（1876）五月十九，溪涨四昼夜，西湖书院与致用堂并圮，移建今所"（《乌石山志·名胜》）。当时王凯泰已病逝，书院主讲谢枚如先生植梅于十三本梅花书屋周围，并命书院诸生撰写王文勤公祠补梅记。[1]

福州乌石山（笔者 2014.3.18 拍摄）

现在，范公祠与十三本梅花书屋早已毁坏，但遗址尚在。2014年3月18日上午笔者到此考察时，乌石山管理处的杨主任安排工作人员带路，很快找到了范公祠及十三本梅花书屋的遗址。图中青砖

---

① 王凯泰，谥文勤，病逝后，人们在乌石山致用书院左侧为其建祠纪念。

乌石山范公祠遗址（青砖铺地处）与十三本梅花书屋遗址
（笔者 2014.3.18 拍摄）

铺地处为范公祠遗址，范公祠遗址后面为十三本梅花书屋遗址。现在，十三本梅花书屋遗址处共栽植梅花 22 株（其中在平地上栽植 5 株，平地后面的山坡上栽植 17 株），均长势良好，尤其是平地上的梅花，疏影横斜，苍劲挺秀，尤为美观。

十三本梅花书屋遗址处梅花（笔者 2014.3.18 拍摄）

三十四、百梅书屋（陈迪南）

陈迪南（？—1910），又名笛斓，学名彤辅，湖北监利人，为清朝诰封的三品通奉大夫。早年家境贫寒，父亲早逝，母子相依为命。后陈迪南偕母由湖北迁至湖南游学，在姚家坡（现湘阴樟树镇百梅村）定居，工诗文，擅画梅花，曾以一把题有"能花春在我，耐冻雪无权"的梅花折扇拜见左宗棠，左宗棠对其大为赏识。后陈迪南随左宗棠收复新疆，屡出奇谋，被左宗棠誉为"铁笔师爷"。

陈迪南随左宗棠平定新疆后，膝下四子中三人相继先他谢世，所以无意功名，便辞官还乡，在姚家坡置办了一些田产。因陈迪南酷爱梅花，便建起了"百梅书屋"。百梅书屋为两进砖木结构，共24间。居室外有梅园，植有百树梅花。梅花开时，香飘数里。书屋后山筑一大土台，高约5丈，面积亩许，名曰"望乡台"，台上建有赏梅亭，陈迪南常在亭内远眺湘江，饮酒赋诗，赏雪咏梅，留下了许多名篇佳作。

2014年6月9日下午，笔者在湘阴政协文史委员会主任易筱武先生和陈迪南五世孙陈实槐先生的陪同下，来到樟树镇百梅村。我们首先拜谒了距离百梅书屋不远的陈迪南墓，然后在陈实槐先生堂哥、堂嫂的引领下，参观了百梅书屋旧址和百梅书屋后的望乡台。

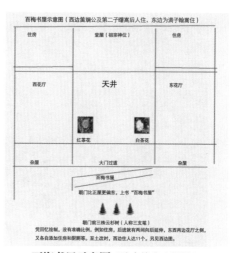

百梅书屋示意图（陈实槐先生提供）

据陈迪南后人介绍，百梅书屋已于20世纪50年代中后期被拆除,现只有百梅书屋后面的望乡台还在,但规模比原来明显小了许多,上面和四周长满了毛竹等植物,望乡台上的赏梅亭已无迹可寻。

百梅书屋旧址,竹木繁茂处为梅园和望乡台(笔者 2014.6.9 拍摄)

陈迪南梅园内望乡台(笔者 2014.6.9 拍摄)

三十五、梅垞（张謇）

张謇（1853—1926），字季直，号啬庵，江苏南通人。清末状元。中国近代实业家、教育家、政治家。张謇毕生从事实业和现代教育事业，对中国民族资本主义和文化教育事业的发展起了一定的推动作用。

张謇一生十分爱梅。1921 年，他在南通黄泥山西南长江之滨建一别墅——梅垞，周围栽植了千余株梅花。张謇在此建梅垞，除了

梅垞（笔者 2014.8.1 拍摄于张謇故居——濠南别业展室）

在"万里长江第一灯塔"处回望梅垞旧址，现有鉴真纪念亭等建筑（笔者 2014.8.1 拍摄）

有寄情山水、超然凡尘之意外，还有一个重要的原因，就是为了纪念自己与梅兰芳的交游之谊。1914 年，张謇与梅兰芳相识后（当时梅兰芳 21 岁，张謇 62 岁），非常欣赏梅兰芳的艺术成就和创新精神。

张謇与梅兰芳塑像（笔者 2014.8.1 拍摄）

张謇故居——濠南别业（笔者 2014.8.1 拍摄）

之后，张謇曾与梅兰芳多次交流、探讨改良戏剧、改造社会的想法，并三次邀请梅兰芳到南通演出。前两次梅兰芳到南通演出时都住在花竹平安馆。其后，张謇选定黄泥山西南江边建梅垞，以便梅兰芳再来南通时居住。

　　梅垞地处江畔，环境清新僻静，院内装饰典雅别致，颇具江南园林意趣，非常适合居住、生活、创作、养生等。根据张謇嘱托，梅兰芳曾为梅垞题写"千五百本梅花馆"匾额。

　　令人惋惜的是，在南通沦陷期间（约在 1938 年后），梅垞与张謇的另一处别墅——鹿园同时坍塌于长江之中。

　　20 世纪 80 年代，当地政府在黄泥山西坡建一亭阁相连的建筑——"梅林春晓"，院内曲径回廊连接七个亭阁，依山临水，视线开阔，造型别致，并在黄泥山下"疏影桥"南种植了大片梅花，以纪念张謇的高雅之举。"梅林春晓"匾额由南通籍当代著名书画

梅林春晓（笔者 2014.8.1 拍摄）

黄泥山下疏影桥（笔者 2014.8.1 拍摄）

家范曾题写，两边楹联为"梅开梅落林月澹，春去春来晓风酣"，由赵鹏撰联。

20世纪50年代，毛泽东在与人大常委会副委员长黄炎培、陈叔通等人谈及民族工业发展时曾说，中国最早有民族轻工业，不要忘记南通的张謇。如果现在驻足南通，定会感受到南通人民对张謇先生的爱戴和感激之情。

黄泥山下的梅林（笔者 2014.8.1 拍摄）

三十六、百梅书屋（齐白石）

齐白石像

齐白石（1864—1957），原名纯芝，字渭清，号兰亭，后改名璜，字濒生，号白石，别署杏子坞老民、星塘老屋后人、借山吟馆主者、三百石印富翁等。湖南湘潭人。著名书画家、篆刻家。早年曾为雕花木匠，后拜文人胡自倬为师，得受画法诗文，后以作画治印为生。1919年起定居北京，新中国成立后，被中央美术学院聘为名誉教授，1953年被文化部授予"人民艺术家"称号，被选为中国美术家协会主席，1963年被评为世界十大文化名人之一。画室名为"百梅书屋"。

　　齐白石出生于白石乡杏子坞星斗塘，并一直在此生活。1900年，因家中人口较多，齐白石便携带夫人和两儿两女来到距星斗塘不远的梅公祠居住。梅公祠在莲花寨下，每到冬天，这里的梅花竞相绽放，争奇斗艳，为此，齐白石便将梅公祠取名为百梅书屋，并在屋前屋后亲手种植许多梅花，在这里居住了7年之久。关于梅公祠的梅花，齐白石曾在《自述》中描述过："莲花塘离余霞岭有二十来里地，一望都是梅花，我把住的梅花祠，取名为百梅书屋。我做过一首诗，说：'最关情是旧移家，屋角寒风香径斜，二十里中三尺雪，余霞双屐到莲花。'"

齐白石故居（笔者 2014.6.10 拍摄）

2014 年 6 月 10 日下午，笔者从湘潭赶到白石乡星斗塘，先参观齐白石故居，后又在村民周仲坤的引领下，从白石乡驻地租了一辆摩托车赶到梅公祠。梅公祠原为土墙，因年久失修，塌掉了一部分，后来建居民楼，又拆除了一部分。

现在的梅公祠尚存两间房屋，仍为土墙，房顶板瓦大多松动不稳，右边一间大部分已无房顶，里面杂草丛生，两扇门被摘下放在门外，窗户上的玻璃全部破碎，明显属于危房。梅公祠周围已无梅花，主要是水稻和莲藕。

梅公祠（笔者 2014.6.10 拍摄）

三十七、玉梅花盦（李瑞清）

李瑞清 (1867—1920)，字仲麟，号梅庵，又号梅痴、清道人，江西临川温圳镇（今属进贤）人，近代著名书画家、教育家。李瑞清出身于世代书香之家，酷爱书画，27 岁中进士，历任翰林院庶吉士、江宁提学、江苏布政使、两江师范监督（校长）、南京学使等职，为中国培养了一大批艺术人才。1911 年辛亥革命，由于兵事，李瑞清辞去校长职务，去了上海。1915 年，两江师范学堂（当时已改为南京高等师范学校）校长江谦先生为纪念李瑞清的办学功绩，遂在两江师范学堂旧址、六朝古松旁边建茅屋三间，取名梅庵，周围种梅十余株。

李瑞清《玉梅花盦临古》（临张芝草书帖）

梅庵（笔者 2014.10.12 拍摄）

　　李瑞清早年曾师从余作馨先生，余作馨重其才品，遂将长女玉仙相许，不料受聘不久便夭。后余作馨又将二女（排行六）梅仙许配给李瑞清，结婚三年又因难产而亡，最后又将小女（排行七）嫁给他，未料又先于李而亡。李瑞清连遭不幸，发誓今生再不婚娶，自题斋名为"玉梅花盦"（从几位夫人名字中各取一字），自号梅庵，并以阿梅、梅痴、梅庵等为号，以纪念早逝的三位夫人。

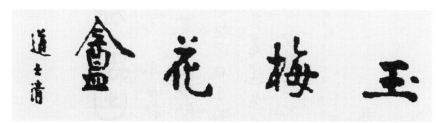

玉梅花盦（李瑞清书）

　　从有关典籍看，李瑞清是 1906 年（时年 39 岁）出任南京两江师范监督的，而他的几位夫人是在他二十多岁（1890 年前后）时去世的，这说明很可能在李瑞清任两江师范监督前就已将自己的斋号取名为玉梅花盫，但当时的玉梅花盫在何处，任两江师范监督后玉梅花盫又在何处，现在已难以考究。

李瑞清去世后，其同乡挚友曾熙、学生胡小石（后任南京大学中文系教授）共理丧事，将其遗体葬于南京南郊牛首山雪梅岭罗汉泉边，特意在其墓旁植梅花300株，并建李瑞清祠堂，题名"玉梅花盫"。不过，笔者于2011年8月到此地考察时，李瑞清墓地周围布满荆棘，杂草丛生，且没有路，墓前落叶堆积很厚，墓旁已无梅花，玉梅花盫也早已不知去向。

李瑞清墓（笔者2011.8.1拍摄）

三十八、十泉十梅之居（赵云壑）

赵云壑（1874—1955），初名龙，改名起，字子云，别署云壑子、壑山樵子、泉梅老人等。江苏苏州人。画家。

赵云壑的斋号较多，寓居上海时，斋号有云起楼、还读楼等。1932 年，赵云壑归隐苏州后，在十泉街（现为十全街，清乾隆帝南巡时曾到此。因乾隆帝自号十全老人，故改"十泉"为"十全"）辟园造景，遍植琪花美树，因其园内有十株梅花，所居宅院附近有十口井，故榜其居为"十泉十梅之居"，后来毁于战火。

2014 年 8 月，笔者到苏州考察，曾专程去了十全街。当时笔者想，十泉十梅之居虽已不复存在，但如果还有井在，或许能通过井的位置以发现十泉十梅之居的遗迹或遗址。但几经打听，均无效果。有的说不知，有的让笔者注意十全街两边的亭子，如果还有井在，

十全街街景之一（笔者 2014.8.8 拍摄）

则可能建亭子保护起来了。但笔者在十全街走了一个来回，虽见到几个亭子，但皆不是为井而建。后来笔者与一位坐在路边的老者交谈，才有了比较明确的答案。这位老先生用手来回比划着说："十全街加宽时，将这些井都封掉了，现在应该是在这条马路底下了。"

十全街街景之二（笔者 2014.8.8 拍摄）

三十九、百梅书屋（陈叔通）

陈叔通（1876—1966），名敬第，字叔通，政治活动家，爱国民主人士。光绪二十九年（1903）进士，授翰林院编修，浙江杭州人。幼承家学，对诗词古文均有很深的造诣。新中国成立后，任中央人民政府委员，全国人大常委会副委员长，政协全国委员会副主席，中华全国工商联合会第一、二、三届主任委员等。著有《百梅书屋诗存》。斋号之一为"百梅书屋"。

杭州陈叔通百梅书屋，现为马寅初纪念馆

（笔者 2014.7.6 拍摄）

百梅书屋位于杭州山子巷南端、庆春路 210 号，建筑面积 140 余平方米，建于民国初年，西式别墅风格，多花饰，楼上有雕花栏杆。楼前宽大的厅院内，有绿色的草坪和繁茂的花木等。

陈叔通百梅书屋的由来，带有某些传奇色彩。陈叔通的父亲陈蓝洲喜蓄书画，收藏甚富。咸丰年间太平军之役，陈蓝洲避居他处，回到杭州故居时，文物悉遭兵燹。陈蓝洲夫人偶然发现室外竹丛中挂有一碎裂的纸囊，便用长竿挑下，展开一看，原来是唐伯虎的《墨梅》，虬枝低压，花开三五朵，上题古风一首，几占纸幅之半。当时陈蓝洲喜出望外，引为奇迹，遂把这幅画重新装裱，居然完好，后传至陈叔通。为了纪念父亲嗜梅之好，陈叔通以这幅《墨梅图》为基础，广为收集梅花画，从开始到集成百家，前后共花了 30 多年的时间。这样，明清两代 500 余年间以画梅著称的每一流派，各种风格，无论幅、轴、卷、册，陈叔通都收而藏之，

唐寅《墨梅图》

终于集成了300余幅名家画梅。后来，陈叔通又收藏到高澹游的《百梅书屋图》，便自号"百梅书屋主人"，遂以"百梅书屋"颜其居，并将百梅图影印成集，名为《百梅集》。

《百梅集》书影 　　　　　　　袁思亮《百梅书屋记》

　　陈叔通曾请藏书家、学者袁思亮为其撰《百梅书屋记》，并请书画家余绍宋书写之。

　　新中国成立后，陈叔通将所珍藏的百梅名画全部捐献给了国家，现保存在北京故宫博物院。献出百梅画后，陈叔通曾赋诗抒怀："七十三前不计年，我犹未冠志腾骞。溯从解放更生日，始见辉煌革命天。大好前程能到眼，未来盛世共加肩。乐观便是延龄诀，翻笑秦皇妄学仙。"

附：袁思亮《百梅书屋记》

吾友陈叔通，嗜书画，精鉴别，所藏弄多名迹，尤富于画梅。自明迄近代，名能画梅者，无卷册、幅轴、缣楮、广狭、长短、大小，恣致之，不吝直。过友好家见所藏可喜者，辄持它名书画扰相贸，或故靳之，则意惘惘不自得，必十数往复谐乃已。一日，挟高澹游百梅书屋图卷子过余，曰："子亦知吾勤于画梅之旨乎？……吾家旧藏书画焚劫略尽。……先大母望见有物罣庭树杈枒间，竿而下之，则故所藏唐六如墨梅幅也。……已坏损矣。先君缀拾而重装之，完好如初。每诲吾兄弟曰：'先人遗物尽矣，是幅也，历兵火盗贼风雨霜雪之摧剥，几毁而复全，如有物护呵之，以相慭遗者，子孙其永宝。'先君故嗜梅，罢官后，手植百株烟霞洞，欲结庐读书其中。以艰于资，不果。吾兄弟亦饥驱奔走，不获继志，偿所愿。独此幅时以随，乃益搜它名家画梅以张之，期足百而止。入吾室者，东西壁及几案间，无非梅也。吾因以百梅书屋名吾斋。呜乎！吾力不足以筑精舍，拓场圃，啸歌吟赏于暗香疏影间，而姑托于是而寄焉，亦可哀矣。殊然，梅之华也有时，而人事之转徙不常。纵吾力足以致之，吾未必岁岁得而乐之也。吾之兹梅，无寒暑之异，兴之所至，皆得取而玩焉。不已多乎！……乌乎！莫吾居辟地假一椽，无营构种蓺之劳，安土重迁之累，取携于囊橐，而偃仰于衽席。无往而不惟吾意之所适，又安知吾之姑托是而寄焉者。非吾书屋之幸也耶！而澹游之图乃适符吾斋之名。相望于百数十年之间而终为吾有。又若有物焉，默相而为之契。特假以娱。吾不可聊之岁月者，吾安得不重自憙也。子为吾记之。"思亮曰："善夫！陈子之能承其先而游于物，以居变而观化也。其诸古仁智之徒欤！"乃为之记而归之。

　　湘潭袁思亮撰

　　叔通先生出示袁君伯夔所为百梅书屋记，属书。寒窗无悃，写此应命，自惭笔墨粗疏，不足以称妙文也。

　　庚午新春，余绍宋并记

百梅书屋匾额（马叙伦题）

四十、百梅楼（凌文渊）

凌文渊（1876—1944），原名庠，号植之、直之，晚号隐峰居士，江苏泰州人。晚清及民国时期政治人物，中国花鸟画大家、书法家、经济学家。

凌文渊出生于诗书之家，父亲是清朝的武秀才，擅舞文弄墨，凌文渊受父亲影响，自幼喜欢丹青，后来考至南京两江师范学堂，受业于李瑞清等人。清宣统元年（1909），凌文渊为江苏省谘议院议员；中华民国成立后，凌文渊历任南京临时政府临时参议院议员、财政部参事、代理财政部总长等。1927 年以后凌文渊辞职脱离政坛，专事教育及书画创作。凌文渊工书善画，尤长花鸟，笔劲墨湛，气势磅礴，颇似陈淳、徐渭。与齐白石、陈半丁、陈师曾齐名，时称京师四大画家。

凌文渊故居主体建筑之一——八字桥东街 84 号宅（笔者 2014.10.14 拍摄）

凌文渊好画梅，故名其斋室"百梅楼"。京剧大师梅兰芳很早就仰慕凌文渊画的梅花，有一次，梅兰芳去北京浸水河凌文渊家时，适逢陈半丁、齐白石在座，便一齐看凌文渊作画，看得正浓时，梅兰芳当着几人的面向凌文渊提出学画梅花的夙愿，并当即请凌文渊赐画稿、做指点，从此梅兰芳成了凌文渊门下的画梅弟子。凌文渊的梅花、菊花、昆虫等皆画得饶有风致，齐白石非常赞赏。

民国十九年（1930）后，凌文渊退隐故乡，修建了凌家花园——隐峰园，并在隐峰园中潜心作书绘画。据邑人姚迟在《名画家凌文渊》中记载："凌宅位于泰州城中海陵南路八字桥东的董家小桥，为中西合璧式的宅第，大门朝东，对面有土丘，围以青砖墙，成一小园，取名隐峰园，遍种梅兰竹菊，并有简陋砖木结构茅草小棚三间，作休憩及冬季放置盆花之用，凌老徜徉其中，自号隐峰园主。"1933年6月，女儿凌孝隐与萧瑜在上海结婚时，凌文渊把平生所绘百幅梅花精品及泰州隐峰园作为嫁妆赠送，并有诗记曰："择嫁飘然海

凌文渊故居沿街店铺（笔者 2014.10.14 拍摄）

凌文渊故居内泰州市文物保护控制牌——八字桥东街 84 号宅
（笔者 2014.10.14 拍摄）

外从，好寻亘境写心胸。阿翁尽有资装赠，百幅梅花一隐峰。"

　　2014 年 10 月 14 日，笔者到隐峰园考察时，得到了民革泰州市委纪峰先生的热情接待和大力支持。午饭后，我们一同去了凌文渊故居——隐峰园。据纪先生介绍，凌文渊故居占地面积较大，房屋很多，近年故居东侧和南面都进行了改造开发。现存故居面积有四五千平方米，还有房屋五六十间，不过因年久失修，整体都比较破旧。故居东面、南面临街，东面沿街的房子现有居民经营着各种生意。从故居建筑群南面进入中间一条巷子后，有一组较大的建筑，虽然也是多年失修，但保存相对完整，偏房有居民居住。至于哪栋房屋是凌文渊当年的百梅楼，现在是否还有，已难以确定。凌文渊喜画梅，如前所述，早在北京任职期间，就收梅兰芳为画梅弟子，还时常与齐白石等书画家切磋交流。也许凌文渊将寓居北京的居室也称为"百梅楼"，但实际情况如何，现在已很难考证。

四十一、万梅花庐（高旭）

高旭（1877—1925），原名垕，更名堪，字天梅，号剑公，别署江南快剑、钝剑等。上海人。近代杰出文学家、社会活动家、南社创始人之一，同盟会江苏分会会长。高旭以诗词著名，著有《天梅遗集》等。

1903年，高旭在张堰镇牛桥河旁的宅舍四周栽植梅花数千株，将居室命名为万梅花庐，亦称万树梅花绕一庐、一树梅花一草庐，自号万梅花庐主、万树梅花绕一庐主人等。

万梅花庐南墙（笔者 2014.8.5 拍摄）

高旭曾有诗赞曰："放翁死后便无诗，驴背沉吟又一时。天下爱花谁似我，画梅端合署梅痴。"（高旭《自题〈万树梅花绕一庐卷子〉》）"东风不是旧时天，月照园林且醉眠。一夜梦游香雪海，骚魂时复嗅微膻。""买田卜筑老淞滨，种得梅林贮古春。此地他年可埋骨，冻蜂寒蝶漫相邻。"（高旭《再题，用前韵》之三、四）。

万梅花庐建成后，高旭广征《万树梅花绕一庐》卷题咏，柳亚子等常到万梅花庐，留下许多关于梅花的酬唱，章炳麟手书"凝晖堂"匾额，林虎书"万梅花庐"，堂上有孙中山手幅等。高旭的大量著作均在此完成。

万梅花庐为三进三开间。1937 年，日寇登陆金山卫后，万梅花庐遭到严重破坏，面貌全失。1949 年新中国成立后，万梅花庐先后被改为张堰幼儿园、张堰小学、张堰成人学校等。房屋在 20 世纪 80 年代后期全部拆毁。

现在万梅花庐位于张堰镇新华东路 65 号，北门是成人学校，南墙、部分西墙及砖刻门额"万梅花庐"还在。另外，当年高旭手植的两株桂花，虽树龄已有百年，仍生机盎然，郁郁葱葱。

万梅花庐砖刻门额（笔者 2014.8.5 拍摄）

四十二、梅王阁　五百本画梅精舍（高野侯）

高野侯（1878—1952），字时显，号欣木、可庵，浙江杭州人。近代画家、鉴赏家。曾任中华书局美术部主任。善书画，能篆刻，富收藏，精鉴赏，尤擅画梅。

高野侯一生与梅有缘。民国十四年（1925），高野侯购得一幅王冕的《墨梅图》，至为珍爱，遂署其居为"梅王阁"。高野侯同时还收藏前代画梅精品500余轴，中堂、条幅、长卷、册页、扇面诸式皆全，故又有"五百本画梅精舍"之称。

梅王阁原是高野侯花园别墅的一部分，建于1930年，位于杭州永丰巷15号。当年整个建筑建在一座突兀的小山丘上，占地1200余平方米，四周用青石驳砌，拾级环绕而上有宽大平台，为砖木结构的平房，粉墙黛瓦，曲径通幽，正中门额悬挂"梅王阁"匾，据说当年正厅高墙上即挂着王冕那幅《墨梅图》。庭前有假山、古木，

杭州梅王阁（笔者 2010.2.22 拍摄）

绿荫环抱，冬梅春桃，四季飘香。20世纪70年代末，城中大兴土木时，老屋大部被拆除，其他部分因长年失修成了危房。从2006年开始，杭州有关部门遵循"不改变文物原状"的原则对梅王阁进行了整修。

前几年有文章称要将梅王阁建成高野侯纪念馆，2010年2月笔者到梅王阁考察时，门上挂一白底红字门牌，上有"杭州市文物保护点　梅王阁　杭州市园林文物局"等字样。四年后，2014年7月笔者到杭州考察其他咏梅斋号时，又奔到梅王阁，希望能到里面看看整修后的情况及是否已建成高野侯纪念馆。然而，笔者发现梅王阁不但没有建成高野侯纪念馆，就连门上的"梅

梅王阁大门口的二层建筑，现在只有永丰巷15号，大门上的"梅王阁"等字已撤掉
（笔者2014.7.6拍摄）

王阁"等文字也被撤掉了。按下门铃后，一位女士探出头来冷冰冰地说："这里是一家公司，'梅王阁'已经不存在了。"

高野侯晚年卜居上海长宁区江苏路月村（今480弄）82号，仍将自己的居室称为梅王阁，该小区建于1930年，内有楼房20多幢，系西班牙式高级住宅，楼房为三层，二层上面后半部分有晒台。楼房为连体别墅，每幢有两个门牌号。20世纪90年代中期，当地建电信大楼时，将前面高野侯等居住的一排别墅拆除了，82号现已无存，式样与现存的别墅样式相同。据《郑逸梅选集》第2卷《高野侯画梅的劲敌》一文记载，高野侯在此居住期间还有一段趣闻。当时高

野侯"梅王阁"在二楼，楼上住的是沈钧儒的弟弟沈炳儒（字蔚文），画得一手好花卉，也喜欢画梅，梅花旁边，常钤"梅王阁上人"的印。人家说他太夸大了，沈炳儒说："野侯住的是二层楼，我是住在三层楼上，当然是'阁上人'，这完全是事实，并没有夸大啊！"

上海江苏路 480 弄小区别墅式样（前面观）
（笔者 2014.8.5 拍摄）

上海江苏路 480 弄小区别墅式样（后面观）
（笔者 2014.8.5 拍摄）

四十三、问梅花馆（黄少牧）

黄少牧（1879—1953），名荣廷，一名石，以字行，号问经，又号黄山。安徽黟县人。民国时期书法篆刻家，印坛巨擘，"黟山派"篆刻开宗大师黄士陵先生的长子。曾任江西长丰县长、陈树人秘书等职，除精书法篆刻外，亦善文工诗。所居曰问梅花馆，取自冯铃①"为恤民艰看菜色，欲知宦况问梅花"联语。

问梅花馆，现在安徽黟县黄村黄牧甫故居"旧德邻屋"院内。2013年12月3日，笔者在黟县政协文史委主任吴寿宜先生和黄村村民、老政协委员何老的陪同下，参观了旧德邻屋和问梅花馆。

现存的"旧德邻屋"石刻（笔者2013.12.3拍摄）

---

① 冯铃（？—1770），字柯堂，浙江桐乡人。乾隆进士。官至安徽巡抚。冯铃在安徽巡抚任上时，于衙署后种梅花及菜蔬，名圃曰"菜根香"。并题联云"为恤民艰看菜色，欲知宦况问梅花"。其联语寓意是，为官应体恤民众疾苦，清廉自律。

　　旧德邻屋，建于光绪二十七年（1901），现有两户居民居住。前院居住着两位老人，故居后院好像是原来主人的后花园，有几间西屋，一中年女士见我们来访，马上迎上来打招呼，并热情地介绍情况。

"旧德邻屋"正门（笔者 2013.12.3 拍摄）

　　旧德邻屋门额上的石刻"旧德邻屋"，落款为"穆甫嘱西垣题"[①]。由于平时到此参观的人较多，前些年在此居住的村民嫌麻烦，就将"旧德邻屋"四字凿掉了，仅有"德"字还能模模糊糊地看清，真是令人惋惜。

---

　　① 西垣姓汪，名国钧，系黄士陵挚友，擅长金石书画。

问梅花馆，右侧为旧德邻屋（作者 2013.12.3 拍摄）

问梅花馆是黄少牧于民国二十八年（1939）建造的，是他挂冠归里后的静养之所。问梅花馆的居室为两层木质建筑。也有两位老人在一楼居住，二楼放了一些杂物。据介绍，原来问梅花馆的一楼、二楼都有门与黄士陵居室相通，现在两个门都被堵住。问梅花馆的院子较大，有 1000 平方米左右，而旧德邻屋的院子不到 100 平方米，但旧德邻屋的后院较大，有 400 平方米左右。

据何老介绍，原来黄村村口有个水口亭，他小时候听其父亲讲，20 世纪 30 年代前后，水口亭一带有大片梅花，花开时节，香飘数里，非常漂亮。但现在村边早已无梅，只有个别村民家中还有梅树。

问梅花馆庭院一角（笔者 2013.12.3 拍摄）

四十四、梅花山馆（徐贯恂）

徐贯恂（1885—?），字鋆，号澹庐，江苏南通人。书画家，工诗词，富收藏。室名有"丽竞斋""梅花山馆"等，晚年定居上海。

梅花山馆位于南通寺街南首，内有假山、老梅，是一座南方古典式的园林建筑，徐贯恂在这里读书、作画、赋诗等。山馆北面与李方膺故居内的梅花楼接壤，吴昌硕曾为其刻"梅花楼邻"闲章。

寺街南首为梅花山馆旧址，右为李方膺故居（笔者 2014.8.1 拍摄）

徐贯恂非常喜爱梅花。为了歌咏梅花，徐贯恂以锲而不舍的精神，历时 18 年，"狂走千万里，上高巅，临大波，逍遥于人物舟车之都会，以求而得之"（金泽荣①语，见徐贯恂《梅花山馆读书图咏》首序跋），集成《梅花山馆读书图咏》巨卷。该卷为设色纸本，高半米，

---

① 金泽荣，韩国人，后加入中国国籍，是一位诗人。

长56米。全卷集吴昌硕、康有为、张謇、弘一、曾熙、李瑞清、陈师曾等115名著名画家、书法家、诗人的19幅梅花图、96幅赞梅书法、90幅咏梅诗。在中国历史上，像这样集中咏梅的作品实属罕见，堪称咏梅之最。

现在，寺街南首的李方膺故居还在，但与该故居毗邻的梅花山馆已被南通邮政局等单位所取代，当年的梅花山馆早已无迹可寻。

寺街街景（笔者2014.8.1拍摄）

四十五、小梅花屋 （夏丏尊）

夏丏尊像

夏丏尊 (1886—1946)，名铸，字勉旃，后改字丏尊，号闷庵，浙江上虞人。著名文学家、教育家、出版家。室名小梅花屋。

夏丏尊早年入上海中西书院、绍兴府学堂（今绍兴一中）修业，1905年赴日本留学，1907年回国，开始其教书和编辑生涯。夏丏尊先后执教于浙江两级师范学堂、长沙湖南省立第一师范学校、上虞春晖中学、暨南大学国文系等，前后共20余年。

1926年起夏丏尊一边教书，一边从事出版事业，任上海开明书店编辑所长十余年，出版大量中外名著；并编辑发行《中学生》《新少年》《新女性》《救亡报》等进步报刊，哺育了一代青年，生平著译辑为《夏丏尊文集》。

1914年，夏丏尊在杭州城内弯井巷租了几间旧房子，由于窗前有一棵梅树，遂取名"小梅花屋"，并请陈师曾画《小梅花屋图》。此幅作品分三个层次：近处是缓坡竹林和三间瓦房，屋前一棵梅树，矮而弯曲，像盆景内的梅桩；远处是浓淡不同的几座山峰；中间是一带城墙。当时陈师曾在北京教书，没有到过杭州小梅花屋，故此画无法写实，只能写意。画上题有章钬的两首七绝和陈夔的《疏影》词，还有李叔同的小令《玉连环影》等。《玉连环影》曰："屋老，一树梅花小。住个诗人，添个新诗料。爱清闲，爱天然，城外西湖，湖上有青山。"夏丏尊也在画上自题一阕《金缕曲·自题小梅花屋图》："已倦吹箫矣。走江湖、饥来驱我，嗒伤吴市。租屋三间如艇小，安顿妻孥而已。笑落魄、萍踪如寄。竹屋纸窗清欲绝，有梅花、慰我荒凉意。自领略，枯寒味。此生但得三弓地。筑蜗居，梅花不种，也堪贫死。湖上青山青到眼，摇荡烟光眉际，只不是、家乡山水。百事输人华发改，快商量，别作收场计。何郁郁，久居此。"离开了家乡，住房不是自己的，工作不随心，抱负不能舒展，是这首词的基调。

2014 年 7 月，笔者到杭州考察小梅花屋时，不但未见到小梅花屋，就连弯井巷也找不

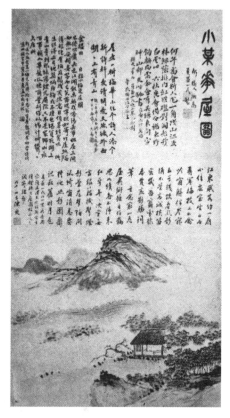

陈师曾《小梅花屋图》

到了，不知是旧城改造中拆除了，还是改换了名称。

有史料称，夏丐尊后来到上虞白马湖畔春晖中学教书，在春晖中学后面象山前、白马湖边建了几间房子，名曰平屋，窗前也种了一株红梅。据说夏丐尊在此建造平屋时，其平屋的结构就是参照当年自己在杭州租住的小梅花屋的样子设计的。于是，笔者又从杭州赶到绍兴上虞白马湖畔的春晖名人区，发现这里有夏丐尊的平屋、晚晴山房（李叔同禅居）、丰子恺旧居、朱自清旧居等，遗憾的是，这些名人故居都未开放。从"平屋简介"得知，平屋后来由夏丐尊的亲属交给春晖中学管理。但当时学校已放暑假，况且又是中午休息时间，很难找到管理平屋的学校工作人员，笔者只好在平屋周围查看一番作罢。

平屋前的白马湖
（笔者 2014.7.10 拍摄）

平屋结构（笔者 2014.7.10
从平屋院墙花窗拍摄）

平屋
（笔者 2014.7.10 拍摄）

四十六、梅花书屋（钱孙卿）

钱孙卿（1887—1975），名基厚，以字行，晚号孙庵老人。江苏无锡人。钱锺书之叔父，社会活动家。新中国成立前曾当选为无锡县自治促进会副会长、江苏省议会议员；新中国成立后任江苏省政协副主席等职。著有《锡山学务文牍》《孙庵年谱》等。

钱孙卿书斋——梅花书屋，现在无锡健康路新街巷 32 号，是钱孙卿在钱家祖遗产业——钱绳武堂内建设的。钱绳武堂（现为钱锺书故居）是钱孙卿父亲于 1923 年修建的，系七开间三进、明

新街巷 32 号，巷子里面为钱孙卿梅花书屋（笔者 2014.8.7 拍摄）

清风格的江南民居。1926 年，钱孙卿先生因子女较多，在征得父亲同意后，于后院西北角添建楼房三楹，之后又接建楼房一楹，因院内有一树盛开的梅花，故名"梅花书屋"。当年，除钱孙卿外，

钱锺书等众多钱氏后人都曾在这里念书做功课。

现在，新街巷30号为钱锺书故居，2002年修复后对外开放，为江苏省文物保护单位。新街巷32号为钱孙卿梅花书屋，现为钱锺书的后人居住，尚未对外开放。

梅花书屋（笔者 2014.8.7 拍摄）

钱锺书故居主厅——绳武堂（笔者 2014.8.7 拍摄）

四十七、梅花草堂（朱屺瞻）

朱屺瞻 (1892—1996)，号起哉、二瞻老民，江苏太仓人。早年习传统国画，青年时专攻油画，曾两次东渡日本学西画，20 世纪 50 年代后主攻中国画。历任中国美术家协会、中国书法家协会、上海美术家协会常务理事，西泠印社顾问等职。一生创作了大量脍炙人口的精品。

太仓梅花草堂内朱屺瞻塑像（笔者 2011.7.31 拍摄）

朱屺瞻爱梅、画梅，以梅自许，一生与梅结下不解之缘。在朱屺瞻漫长的艺术生涯中，曾用过不少斋号，如"修竹吾庐""乐天画室""梅花草堂""癖斯居"等，其中最著名的当属"梅花草堂"。这是因为朱屺瞻对梅花情有独钟，他不仅画梅、种梅，而且还以"梅花草堂"三颜其居。后来，"梅花草堂"已不是具体的建筑，而成了一种象征，随着"梅花草堂主人"一起名扬中外。

朱屺瞻第一个梅花草堂始建于 1932 年。这年秋天，朱屺瞻在上海新华艺术专科学校内举办了"朱屺瞻淞沪战迹油画展览"之后，回到故乡太仓浏河镇，买下了老宅后的一片空地。空地上有炸弹坑，朱屺瞻因地制宜，拓坑成池，取了一个过目难忘的名字"铁卵池"，又于池畔垒土为山，种植梅花百余株，在老宅废墟上修缮起房屋数间，取名为"梅花草堂"。

太仓梅花草堂，展览朱屺瞻生平事迹与作品遗物等
（笔者 2011.7.31 拍摄）

1936 年，朱屺瞻遍邀书画朋友为梅花草堂作图题诗，一时间海内名家王一亭、黄宾虹、潘天寿、吴湖帆、齐白石、贺天健、丁辅之等纷纷响应，齐白石还题诗一首："白茅盖瓦初飞雪，青铁为枝正放葩。如此草堂如此福，卷帘无事看梅花。" 晚年朱屺瞻将此汇为《梅花草堂集册》，并在集册前写道："梅花草堂乃吾旧居太仓浏河镇。羡梅花之耐寒及清香可爱，承友谊情馈绘写斯册，图二十二纸，字二十二纸，合装成册。前后历时六十余载。此乃友朋高谊弥足珍贵，愿儿孙珍藏之。"1991 年，在朱屺瞻百年诞辰之际，太仓浏河镇政府将"梅花草堂"整修一新，2011 年又在此基础上进一步扩建。

　　现在的梅花草堂（朱屺瞻纪念馆）占地面积 6 亩多，建筑面积近 600 平方米，呈三进两院的建筑格局，曲径通幽，暗香浮动，是一幢古色古香、雅趣盎然的具有民族特色的建筑。前厅为来宾接待室和办公区域；中厅悬挂"鹤声梅影"牌匾，主要介绍太仓名人的事迹；后厅是朱屺瞻的书斋——梅花草堂，陈列着朱屺瞻的作品和遗物等，通过一幅幅历史照片，将参观者带进了朱屺瞻的艺术世界。

太仓梅花草堂内的梅树（笔者 2011.7.31 拍摄）

　　1937 年，太仓沦陷，朱屺瞻先生自浏河避居上海。1946 年，朱屺瞻在上海南市淘砂场购买了一块瓦砾草莽的空地，盖了一栋房子，除居室外，还有油画室、国画室各一间，总其名曰："逸我画室。"
旧居难忘，朱屺瞻遂于周围添种了数十株梅树，国画室仍沿用旧名

上海朱屺瞻梅花草堂
（笔者 2014.8.5 拍摄）

"梅花草堂"，这是朱屺瞻的第二个梅花草堂。1952 年，在各项政治运动中，朱屺瞻受到沉重打击，书画房产变卖殆尽。1953 年，老小六口又迁住到蓬莱路的一间"过街"里。

1959 年，朱屺瞻迁居上海巨鹿路（现 820 弄 12 号），又有了新的画室——梅花草堂，这是朱屺瞻的第三个梅花草堂。朱屺瞻在这里创作了许多具有时代特征的优秀作品。

上海巨鹿路 820 弄弄口牌楼——"景华新邨"（朱屺瞻手迹）
（笔者 2014.8.5 拍摄）

上海巨鹿路 820 弄弄口牌楼上 "朱屺瞻旧居" 说明牌① 及其内容

（笔者 2014.8.5 拍摄）

---

① "朱屺瞻旧居" 说明牌内容（中英文）：朱屺瞻旧居——巨鹿路 820 弄 12 号　朱屺瞻（1892—1996），著名油画家、国画家。他对梅花情有独钟，善于画梅、种梅。其作品构思精巧、用色大胆、笔墨淋漓、富于奇趣。解放以后，他在这里先后创作了《飞机灭蝗图》和《飞雪迎春图》等具有时代特征的优秀作品。现巨鹿路 820 弄弄口牌楼上 "景华新邨" 四个大字，也是其手迹。　上海市静安区人民政府立，2010

四十八、梅景书屋（吴湖帆）

吴湖帆像

吴湖帆（1894—1968），初名翼燕，字通骏，后更名万，字东庄；又名倩，号倩庵、丑簃，书画多署湖帆。江苏吴县（今苏州）人。现代绘画大师、书画鉴定家。新中国成立前曾任故宫博物院评审委员，新中国成立后历任上海市文联（二届）委员、中国美术家协会上海分会副主席、上海市文史馆馆员等职。斋名梅景（影）书屋。

吴湖帆颜其居"梅景书屋"，是因他收藏了南宋景定年间刻本《梅花喜神谱》与宋汤叔雅《梅花双鹊图》两件稀世珍品。

吴湖帆夫人潘静淑，出身苏州名门，曾祖父潘世恩是乾隆年间的状元，祖父潘曾莹是著名的诗人和画家。潘静淑自幼读书习字，吟诗作画。1915 年，潘静淑与吴湖帆完婚时，潘家给潘静淑陪嫁了一大批文玩书画，其中就有极为珍贵的《梅花双鹊图》。1922 年，潘静淑 30 岁生日，其父又以珍贵的宋刻《梅花喜神谱》相赠。

《梅花喜神谱》为中国第一部专门描绘梅花种种情态的木刻画谱，因宋时

汤叔雅《梅花双鹊图》

俗称画像为喜神，故名，宋代宋伯仁①撰绘。得到《梅花喜神谱》后，吴湖帆作《暗香疏影》词一阕题于卷后，并请高野侯画梅一枝，以记雅韵。

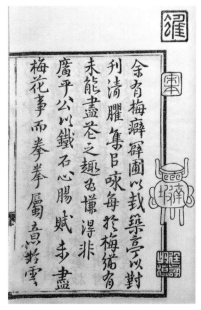

《梅花喜神谱》书影　　　　　　宋伯仁《梅花喜神谱》书影

　　《梅花双鹊图》被吴湖帆奉为"梅景书屋镇宝"。吴湖帆曾在画作上跋云："汤叔雅为扬无咎甥，受画梅遗法。而扬以疏名，汤以密贵，千花万蕊，锦簇芳浓，风前月下，不胜繁华春色也。图作老梅一树，枝干盈百，花朵数千，翠鸟欲语，粉香玉色，绝似锦绣画屏，宋画中神品也。""光绪己丑，与孝钦皇后临本一幅同时赐潘文勤（即潘祖荫，谥文勤，是吴湖帆夫人潘静淑的伯父）公，后由外舅仲午（即潘祖年，潘祖荫弟，字仲午）公付静淑袭藏，今与宋刻《梅花喜神谱》同贮，名吾居曰'梅景书屋'。"

---

① 宋伯仁，字器之，号雪岩，今浙江湖州人。曾任盐运司属官，能诗，尤擅画梅。

1924 年，由于家乡苏州发生军阀混战，吴湖帆携家人从苏州凤凰街迁往上海法租界葛罗路（今嵩山路）88 号定居，仍颜其居为梅景书屋。

在梅景书屋，吴湖帆培养了王季迁、陆抑非、徐邦达等一批著名的书画人才。遗憾的是，2010 年 2 月 19 日笔者到此考察时，吴湖帆故居——梅景书屋（上海嵩山路 88 号）已被一幢七星级酒店所代替。

上海嵩山路原吴湖帆故居旧址，现已被一座七星级酒店代替
（笔者 2010.2.19 拍摄）

四十九、寒香阁　梅屋（周瘦鹃）

周瘦鹃（1895—1968）， 原名祖福，后改名国贤，号瘦鹃，别署泣红、侠尘、兰庵、紫罗兰主等。江苏苏州人。早年就读于上海民立中学，毕业后留校任教，并为《小说月报》《小说时报》《妇女时报》撰稿，译域外小说。著名园艺家、作家、盆景艺术家、文学翻译家。著有《行公集》《消闲集》《拈花集》《忆语集》等。

周瘦鹃一生爱梅成痴。早在20世纪20年代，周瘦鹃在上海卖文为生时，就常在狭小的庭院中放上一二十盆梅桩自娱。"九一八"事变后，周瘦鹃隐居苏州，倾20年卖文所得，在苏州王长河头买了一片4亩的园地，建"紫兰小筑"，人称周家花园。

2011年7月30日，笔者到周家花园考察时，正值炎热的中午。由于地理不熟，笔者在王长河头附近来回寻访了近两个小时才找到周瘦鹃的故居，然而，故居大门紧闭，尚未正式开放。数次按下门

王长河头 3 号——紫兰小筑（笔者 2011.7.30 拍摄）

铃后，一老者缓缓开门，说"我年龄大了，不便接待，等梅花开时再来吧"，婉言谢绝了。没办法，笔者只好在"紫兰小筑"和"常春"两个门口观察了一番，便匆匆赶往下一个考察地点——张家港小香山徐应震梅花堂。

观音弄 18 号——常春（笔者 2011.7.30 拍摄）

实地考察不能满足为文的需要，笔者就在有关典籍里寻找答案。回来后，笔者购买了周瘦鹃的《拈花集》等散文集，进一步了解周瘦鹃的爱梅情结和他故居中的咏梅斋号情况。据文中记载，周瘦鹃对梅花有着特殊的爱好，他不光在园中山上遍植梅树，建造梅屋，而且还喜欢用与梅花有关的古玩、书画、案几等来装饰自己的居室。正如他自己所说，"我于百花中热爱梅花，所以我的家里有寒香阁，有梅屋，有梅邱，种了不少的梅树，也培养了不少的盆梅"（周瘦鹃《拈花集·我为什么爱梅花》）。"寒香阁中，平日本来陈列着磁、铜、木、石、陶等梅花古玩，四壁又张挂着香雪海、梅花书屋、探梅图、梅花诗等旧书画。到了梅花时节，更少不了要供着活色生香的梅花、盆梅和瓶梅。""还有梅邱上的那间梅屋，本来窗上门上都有梅花图案，并挂着用银杏木刻就的宋代扬补之和元代王元章的画梅，而雄踞中央的，还有一只浮雕梅花的六角几。""我在东角和西角的矮几上，分陈着两盆老干的绿萼梅，所谓疏影横斜，暗香浮动，那是当之无愧的。那六角几上的一只古陶坛中，插着一枝铁骨红梅；而一只树根几上安放着的唐代大诗人白香山手植桧的一段枯木中，插上一枝胭脂红梅，于是这梅花时节的梅屋，也就楚楚可观了。"（周瘦鹃《拈花集·问梅花消息》）

当时朋友们都把周瘦鹃的花园誉为"小香雪海"，他自己也以梅妻鹤子的林和靖自喻，并作诗云："冷艳幽香入梦闲，红苞绿萼簇回环。此间亦有巢居阁，不羡逋仙一角山。"（《拈花集·暗香疏影共钻研》）

五十、缀玉轩 梅花诗屋（梅兰芳）

梅兰芳（1894—1961），名澜，字畹华，祖籍江苏泰州，生于北京。中国京剧艺术大师，曾任中国京剧院院长、中国文学艺术界联合会副主席等。著有《梅兰芳文集》、《梅兰芳演出剧本选集》、自述传记《舞台生涯四十年》等。

梅兰芳姓梅亦爱梅。他不但咏梅、画梅，而且将自己的居室或书房也用与梅花有关的词语命名。

缀玉轩，这是梅兰芳于 1920 年在北京购买的宅院，其斋号取意于南宋词人姜夔咏梅名篇《疏影》中的"苔枝缀玉"句，地址在北京东城区无量大人胡同 24 号（后改为红星胡同 61 号）。据有关文献记载，缀玉轩是一座三进宅院，坐北朝南，占地面积约 1400 平方米，共有房屋 90 余间，包括一座三层中式楼房，院落之间靠过厅和游廊

上海卢湾区思南路 87 号——梅兰芳旧居（笔者 2014.8.5 拍摄）

相连。梅兰芳对缀玉轩进行装饰时，著名实业家、教育家张謇为他题写了"缀玉轩"匾额。在这座宅院里，梅兰芳接待过印度大诗人泰戈尔、美国好莱坞影帝范朋克、意大利女歌唱家嘉丽·古契、美国总统威尔逊的夫人等众多国际名流。梅兰芳在缀玉轩居住到 1932 年。1942 年，迫于生计，梅兰芳将缀玉轩卖出。1958 年中国摄影学会（1979 年改为中国摄影家协会）迁入缀玉轩，1987 年，中国摄影家协会拆除了院内建筑，建成南、北两座办公楼。

上海卢湾区思南公馆大门（笔者 2014.8.5 拍摄）

　　梅花诗屋，这是梅兰芳在上海寓所的书房。20 世纪 30 年代，梅兰芳得到"扬州八怪"之一金农所绘的《扫饭僧》真迹一帧，随后又得金农所书"梅华诗屋"斋额，正合自己的姓氏及字（梅兰芳字畹华，"华"与"花"通），不胜欢欣，即将金农的一书一画悬挂于书斋，并将自己的客厅兼书房取名为"梅花诗屋"。

　　梅花诗屋坐落在上海卢湾区思南路 87 号，保存完好，只是外墙已改变了原来的颜色，现为思南公馆酒店的别墅之一。

五十一、纸帐铜瓶室 双梅花庵（郑逸梅）

郑逸梅（1895—1992），原名鞠愿宗，学名际云，谱名逸梅。祖籍安徽歙县，生于江苏苏州，父早殁，依外祖父为生，改姓郑。

郑逸梅在书斋——纸帐铜瓶室

长期从事教育和写作，民国初年有大量文史掌故载于报刊空白处，人称"补白大王"。

郑逸梅爱梅成痴，早年曾得一梦，见一方大石，上刻"逸梅"二字，此后便以"逸梅"为号，1913年娶周寿梅女士为妻，故居室又名"双梅花庵"。郑逸梅的书斋"纸帐铜瓶室"亦与梅花有关，在说到该斋号的由来时，郑逸梅说："前人的梅花诗，颇多涉及纸帐咧，铜瓶咧，张船山题梅，更有'铜瓶纸帐老因缘'句，我就取来作为斋名'纸帐铜瓶室'。"（《郑逸梅选集》第4卷《我的笔名》）

郑逸梅一生移居多处，但他一直沿用此斋名。早在1912年，郑逸梅就请当年他在苏州读书时的校长汪家玉先生题写"纸帐铜瓶室"，后来，郑逸梅到哪里，就把这个牌子挂到哪里，用他自己的话说，就是"这是百年老店的老招牌，以梅花为商标，只此一家，别无分出"（《郑逸梅选集》）。

　　纸帐铜瓶室，原来位于上海普陀区长寿路160弄1号，是此套别墅北向的一个亭子间[①]，非常狭窄，冬天很冷，夏天酷热。郑逸梅说，"冷，我不怕，这是寒士本色。最怕是夏天中午，骄阳照灼，简直难以容身，只得停止写作，躲到前楼来，权作临时的避暑山庄"（郑有慧《郑逸梅的纸帐铜瓶室》）。房间里仅有一榻、一案和一椅，最多的是立体向上的书籍。房间虽窄，却挂满了画梅高手创作的梅花图、咏梅诗轴等。"纸帐铜瓶室"斋额，最早是1912年汪家玉先生书写的，后由书法家沈卫题写，可惜在"文革"中丢失。1985年国画大师刘海粟作了补题，因是大立轴式，书房里挂不下，所以一直珍藏未挂，实际挂在书斋的篆书"纸帐铜瓶室"是由书法家蒋吟秋题写的。画家张石园、吴湖帆、陶冷月等还为其绘制了《纸帐铜瓶室图》。

长寿路160弄郑逸梅原居所建筑式样（笔者2014.8.5拍摄）

---

　　① 亭子间是上海等地旧式楼房中的小房间，一般在楼上正房的后面楼梯中间，狭小阴暗。

关于《纸帐铜瓶室图》，张石园是绘在扇面上的，已遭劫失去；陶冷月绘的是立幅，郑逸梅曾撰《纸帐铜瓶室记》涉及此画；吴湖帆为其画《纸帐铜瓶室图》时，还有一段很有趣的故事。据郑逸梅在《画幅》一文中记载，一次，郑逸梅到梅景书屋去拜访吴湖帆，想请他写一行书小幅，放玻璃板下做点缀，吴湖帆说："书不如画，我来给你画个《纸帐铜瓶室图》吧！"郑逸梅说："不急，有暇为之可也。"吴湖帆却说："不能搁置，一搁，那就不知何时始能交卷了。因积件累累，不易了却，还是立等取去，较为便捷。"于是吴湖帆立即铺纸挥毫，不到一小时，梅花书屋涌现纸素。郑逸梅觉得压在玻璃板下面未免可惜，就配上红木框把它悬挂起来。

郑逸梅从 1927 年迁沪定居，到 1992 年 7 月 11 日以 97 岁高龄悄然离世，在这间小小的纸帐铜瓶室里，辛勤笔耕六十余年，发表一千多万言。

纸帐铜瓶室原址，在马路对面便道与草坪一线（笔者 2014.8.5 拍摄）

遗憾的是，20 世纪末长寿路加宽时，郑逸梅居住的别墅被拆掉，其位置在现长寿路 160 弄小区前马路便道和草坪一线。现在的 160 弄只有 7 号至 18 号，原来的 1 号至 6 号已无存，结构与现在的建筑式样相同。

长寿路 160 弄小区别墅门牌号 7—18 号（笔者 2014.8.5 拍摄）

附：《纸帐铜瓶室记》

余吴趋人也，旅食沪壖，遂以传舍为定居，垂五十寒暑矣。且榜其居曰纸帐铜瓶室。陶子冷月为作图，茆屋三间，梅竹绕之，乔松亏蔽，一鹤梳翎而峙，陂汜突阜，交相映带，厥境倚如而饶清致。此冷月臆之所造，却为余心之所响而未之能践实也。顾纸帐铜瓶之为室，小楼一角，仅堪容膝，客至五六人，则并匡床扩而为之座，局促似辕下驹矣。余偃蹇于斯，啸傲于斯，掉翰操觚于斯，一箪一瓢亦于斯。春之花，秋之月，囿而未克尽领其消息与精神也。生平所蓄，

典籍丛棽，名彦牍札，十散其八九，初而愊抑，浸久则释焉不之萦
虑。为遣岁月计，订坠摭残，捃拾放佚，哀然复有所庪。曰即此戋戋，
亦足以娱我志，悦我魄，固不求缥帙牙签，法书妙绘，唐瓷汉铢，
贞石吉金之乔皇藻雅以为赡备也。然萧晨寥夜，兀坐室中，不觉驰
情兴象，断编零架，俄而卷轴纵横矣；丧耦凄帷，俄而槃匜左右矣；
数椽之地，一枝之栖，俄而风廊水榭，苔径兰畦矣。夏之郁烁，遽
尔凉生北牖；冬之冽冱，遽尔煦融南檐。逮一转念，此涉想之诞夸，
触绪之矫妄，乃与余夙昔之襟抱相刺缪，则力予屏扫，返诸真璞。
矧际兹熙洽盛世，退老有禄，寝馈无虞，乐我余年，忘其炳烛。香
山居士有云：此日不自适，何时是适时？味乎此言，则随遇而安，
深为矜喜，有不知其手之舞之足之蹈之者。因叹夫彼四悲五噫七哀
九愁之辈，徒见其拘虚不达耳。是为记。

五十二、古梅书屋（查阜西）

查阜西（1895—1978），名镇湖，又名夷平，江西修水人。古琴演奏家、音乐理论家和教育家。新中国成立后任中国音乐家协会副主席，主编《琴曲集成》等。居室曰古梅书屋。

查阜西旧居原在昆明盘龙区棕皮营 36 号，始建于 1940 年，由中央研究院历史语言研究所（后简称中研院史语所）所长、著名历史学家傅斯年所建。旧居为瓦房，铺有木板，坐北朝南四开间，另有南屋三间，其中两间做厨房，院落有篮球场那么大。1940 年底，傅斯年随中研院史语所迁到四川南溪李庄镇，该房由查阜西先生居住。查先生于 1943 年底又邀西南联大著名教授游国恩先生搬来同住，分给游先生一大一小两个房间，两家共用一个厨房。因园内有两株古梅，查阜西先生就把自己的居室取名为古梅书屋。

据查阜西的抗战日记《龙村随笔》记载，院内"旧有古梅二株，根木大可合抱，不知何代物也"，"梅在西窗帘下，有楸木七株，履其上，其西有疏篱，篱外种苦竹二丛、古柏一树，冬春之交，最宜欣赏"。查阜西先生周末回家时，常在此弹琴聚友。

2014 年 1 月 8 日，笔者到昆明参加全国第十四届梅花蜡梅展览会期间，先登门拜访了对昆明名人故居颇有研究的陈立言先生。笔者在陈先生的热情帮助下，又到查阜西的古梅书屋所在地——昆明盘龙区

陈立言先生提供有关史料（笔者 2014.1.8 拍摄）

查阜西古梅书屋前古井
古井后红色大门处为古梅书屋旧址
（笔者 2014.1.8 拍摄）

棕皮营村，并在棕皮营村赵林先生的引导下，实地考察了古梅书屋旧址。

经赵林先生介绍得知，查阜西旧居前的两株古梅早在 20 世纪 50 年代末就被砍掉了，其故居也于 20 世纪 90 年代前后村里修建居民楼（楼房为三层）时拆掉了。现在，只有查阜西旧居前的那口古井还在，当年查阜西就是饮用此井水的。现在井内已无水，为安全起见，平时用一块木板盖住井口（笔者拍照时挪到了一边）。另外，旧居后面的滇朴与金汁河还在，那株朴树虽历经沧桑，仍生机勃勃，显示着顽强的生命力，但金汁河早已干涸。

古梅书屋后面的滇朴和金汁河
（笔者 2014.1.8 拍摄）

五十三、盟梅馆（姚竹心）

姚竹心（1901—？），字盟梅。上海人。南社后期主任姚光三妹。工诗，著有《盟梅馆诗》。书房名为盟梅馆，有将凌寒生香的梅花与自己爱好的诗书结为盟友之意。

姚竹心像

姚竹心是上海金山为数不多的女诗人，其诗清新典雅，后来她与高垞（南社巨擘高吹万之子）结婚时，兄长姚光将其诗作编印成《盟梅馆诗》1册，作为独特的嫁妆，一时传为诗坛佳话。

盟梅馆现在上海金山区张堰镇姚光故居——南社纪念馆二楼，建筑面积有十几平方米，内部装修典雅精美，古色古香。

姚光故居——南社纪念馆（笔者 2014.8.5 拍摄）

姚竹心的书房——盟梅馆（笔者 2014.8.5 拍摄）

盟梅馆中的姚氏三姐妹照片（右为姚竹心）
（笔者 2014.8.5 拍摄）

五十四、梅窠（石评梅）

石评梅（1902—1928），乳名心珠，学名汝璧，因爱慕梅花之
俏丽坚贞，便自号评梅。山西平定人。20世纪20年代知名女作家。
住处为梅窠。

石评梅出生在一个书香门第。1919年，受"五四"浪潮影响，
石评梅到北京求学，因当年文科不招生，她进了北京女子高等师范
学校体育科，在打球、跳舞、滑冰、练体操之外，与同学办了诗社，
致力于文学创作。1923年，石评梅以优异的成绩毕业，在北京师范
大学附属中学（后简称师大附中）女子部当训育主任和体操老师。
石评梅受聘于师大附中后，就搬到了地处厂甸的师大附中教员宿舍。
这个宿舍实际上是一处荒废了的古庙。石评梅住的是前进院里的一

石评梅题高君宇墓碑（笔者 2006.9.20 拍摄）
（诗文：我是宝剑，我是火花。我愿生如闪电之耀亮，我愿死如彗星之迅忽。
这是君宇生前自题像片的几句话，死后我替他刊在碑上。君宇，我无力挽住你迅忽
如彗星之生命，我只有把剩下的泪流到你坟头，直到我不能来看你的时候。评梅）

间南屋，屋前有棵大槐树，像把伞一样罩着住房的半边屋顶。居室简陋破损，然而经石评梅一番细心收拾后，倒也明亮整洁：花色素雅的窗帘，盆栽的菊花和小梅桩，嵌在镜框里的李清照画像，贴在窗纸上的是一张印有一株淡红色梅花的诗笺，等等。石评梅给居室取了个富有诗意的名字——"梅窠"，并亲笔写匾挂在门框上。石评梅的散文集为《梅花小鹿》（小鹿是石评梅同事陆晶清的笔名），可见其对梅花的喜爱。石评梅信纸用的也是"几生修得到梅花"或"月作主人梅作客"一类的梅花笺。

石评梅在自己短暂的生命中，创作了大量诗歌、散文、游记、小说等，尤以诗歌见长，曾有"北京女诗人"之誉。

石评梅病逝后，友人们根据其生前曾表示的与高君宇"生前未能相依共处，愿死后得并葬荒丘"的愿望，将其尸骨葬在北京陶然亭公园高君宇墓畔。

陶然亭公园（笔者 2006.9.20 拍摄）

五十五、寒花馆（管锄非）

管锄非（1911—1995），湖南祁东人。原名管向善，字枕嶷，号梦虞，古稀后取义"柔情似水，侠骨如冰"，又号柔侠老人。现代书画家，诗人。斋名寒花馆。

管锄非像

管锄非是一位具有传奇色彩的人物。1933 年管锄非考入上海美专，后来转入新华艺专，1936 年毕业回湘，相继任教于湖南衡阳船山中学、祁阳达孝中学、祁东二中等，1957 年被遣回老家劳动改造，蛰居山林，备尝艰辛。直到 1978 年管锄非才复出画坛，先后在长沙、广州、深圳、上海、北京等地举办画展。

管锄非故居东面的观音山（笔者 2014.6.12 拍摄）

管锄非生前在破庙——寒花馆前
（引自张小补《梅魂》）

管锄非隐姓埋名20余年，蛰居在观音山下由旧神庙改造的破屋中，以常人难以想象的毅力生活着，追求着……他将不足10平方米的破庙名之为"寒花馆"，以梅自况，为梅写照，借梅抒情。管锄非说："余生而好梅，既而画梅，因爱梅之品德，故颜其居室为'寒花馆'。"（管锄非《梅论三章》）管锄非笔下的梅花"重品、畅神、主骨、尚气""深得水边林下、风外清香之致"（邵洛羊语）。

管锄非故居正堂（笔者2014.6.12拍摄）

2014 年 6 月 12 日，笔者到寒花馆考察，首先去拜谒了距管锄非故居不远的管锄非先生墓，然后在管锄非堂弟管甲申先生的陪同下，参观了管锄非故居和寒花馆旧址。管锄非故居虽然破旧，但保存尚好。故居院内的一株红梅，树龄已 80 余年，树干半径在 40 公分左右，遒枝傲立，铁骨铮铮。管锄非原来居住的破庙——寒花馆，因其地基前些年被村民购买，

观音山下旧神庙——寒花馆旧址
红砖堆放处，原为管锄非安置床和桌子的地方，
左侧为旧神庙原来的部分木质建筑材料
（笔者 2014.6.12 拍摄）

故在 2006 年前后被拆除，现在只剩破庙的石头柱基和搁置在一边的部分建筑材料。

五十六、劲松寒梅之居（于希宁）

于希宁（1913—2007），原名桂义，字希宁，及长以字行。别署平寿外史、鲁根、管龛、梅痴，山东潍坊人。当代具有诗、书、画、

印和美术史论全面艺术修养的学者型艺术家。著有《论画梅》《于希宁诗草》等。

于希宁先生一生爱梅、画梅，自喻"梅痴"，自言 20 世纪 30 年代就爱上了梅花，好像与梅花有共同的语言，以致每次探梅总是流连忘

于希宁像

返，依依不舍。于希宁把梅花的气质和个人对梅花赋予的品格升华为民族的品格和气节。改革开放后，于希宁以"劲松寒梅之居"为堂号，以"才德勤修养，三魂共一心"为座右铭，谋求国魂、人魂、画魂的统一，提升了传统花鸟画的人文境界，成为 20 世纪小写意花鸟画再创辉煌的杰出代表。关于斋号"劲松寒梅之居"，于希宁曾有诗记曰："寒透候春解，暗香布四隅。痴人初入梦，天女降吾庐。"（《于希宁诗草·自题"劲松寒梅之居"》）

于希宁先生健在时，笔者几次想登门拜访，但由于种种原因，均未能成行。为了解于先生的爱梅情结，2013 年 11 月 7 日，笔者专程到济南拜访了山东艺术学院花鸟画工作室主任、教授沈光伟（于希宁外甥、高徒）先生。拜访沈先生时，先生恰巧腰腿不舒服，正在治疗中，但沈先生还是热情地接待了笔者。笔者与沈先生谈及

2003 年前后笔者的雪山梅园建成时，曾想请于希宁先生莅临指导，沈先生说："你怎么不邀请他去呢？当时他身体还很好，要是他知道我们山东沂水也建了梅园，他一定会去的。"

沈光伟先生在所赠《于希宁诗草》上题字留念
（笔者 2013.11.7 拍摄）

据沈先生介绍，于先生的"劲松寒梅之居"斋额是由美术大师刘海粟先生题写的。由于尺寸较大，又是竖幅，不便悬挂，所以于先生只是在 20 世纪 80 年代挂过一段时间，就换下来了（此作品现

山东艺术学院（长清校区）梅园（笔者 2013.11.12 拍摄）

山东艺术学院梅园石刻
（笔者 2013.11.12 拍摄）

在于希宁先生一朋友家中，笔者想将其拍照放到文中，但几次联系未果）。后来在墙上悬挂的主要是"才德勤修养，三魂共一心"，这是于希宁先生为自己写的自勉诗句，是他一生的座右铭。

临行前，沈先生又把自己收藏的于希宁先生的"梅痴"印拓和《于希宁诗草》赠与笔者。经沈先生介绍，2013 年 11 月 12 日，笔者又专程到山东艺术学院新校（长清校区），

参观了学院为纪念于希宁先生而建造的梅园和于希宁绘画艺术纪念馆。梅园设在学院的运动场边，是以于希宁先生的作品《寒梅图》为参照，将之抽象演变为园路，将梅园分为问梅、寻梅、赏梅、咏梅、梅花溪等景观区，面积近6000 平方米。于希宁绘画艺术纪念馆是学院图书馆的组成部分，馆内展出了于希宁捐赠的 60 余幅精品力作、著作手稿以及部分书房用品等。

梅园内于希宁先生雕像（笔者 2013.11.12 拍摄）

梅园内石刻"才德勤修养，三魂共一心"（笔者 2013.11.12 拍摄）

于希宁先生书房桌椅与"才德勤修养，三魂共一心"匾额
（现存放在山东艺术学院于希宁绘画艺术纪念馆内）（笔者 2013.11.12 拍摄）

五十七、梅菊斋（陈俊愉）

陈俊愉像

陈俊愉（1917—2012），安徽安庆人，生于天津。著名园林学家、园艺教育家，国际园艺学会国际梅品种登录权威，北京林业大学教授、博士生导师、名花研究室主任，中国工程院资深院士，中国花卉协会梅花蜡梅分会原会长。陈俊愉先生为梅花事业奋斗了半个多世纪，为梅花遍及全国、走出国门做出了重大贡献。著有《中国梅花品种图志》《中国梅花》等。

陈俊愉先生在梅菊斋（笔者 2008.9.1 拍摄）

　　陈俊愉先生的书房为梅菊斋。梅菊斋坐落在北京林业大学院内院士宿舍楼二楼，为客厅兼书房，面积约有 20 平方米。靠南墙和西墙安放两组沙发，中间是茶几，房间西北角为书橱和书桌。平时陈先生就在这里读书会客。

梅菊斋匾额（笔者 2008.9.1 拍摄）

　　早在 1995 年全国第五届（武汉）梅花蜡梅展览会上，笔者就与陈先生相识。后来，笔者有幸多次聆听陈先生的教诲和指导。

笔者与陈俊愉先生（右）在梅菊斋亲切交谈（陈明芝女士 2006.9.20 拍摄）

2006年夏天，陈先生与夫人杨乃琴老师一起到雪山梅园视察。2008年秋，笔者到北京拜访陈先生，交谈中，当笔者问及为什么用"梅菊斋"作为自己的书房名称时，陈先生爽快地说："这很简单。因为我兴趣广泛。我很喜欢的花卉有十几种，如梅花、菊花、荷花、兰花、桂花、杜鹃、山茶、月季、芍药、水仙、丁香、棕榈、石蒜、睡莲，等等。但排排队呢，最喜欢的第一是梅花，第二是菊花，所以就叫'梅菊斋'了。"

笔者（右）陪同陈俊愉先生（中）在山东沂水雪山梅园参观《百梅图石刻》
（张立东先生 2006.7.12 拍摄）

五十八、寒梅阁（姚平）

姚平（1932—2013），原名阚德音，笔名丁乙，号梅亭，江西兴国人。教授、诗人、辞赋家。

姚先生幼时家贫，9岁始上私塾，读"四书"；13岁小学毕业后教村小，阅读《古文观止》《唐诗三百首》；中学毕业后，1951年参军，曾任助理、秘书、科长、主任、空军师职干部。姚先生13岁开始写诗，诗作数量已达7000余首，出版《寒梅阁吟章》及《续吟》、《三吟》、《四吟》、《五吟》，

姚平像

选集《梅苑风华》，共刊出4000余首诗；15岁开始写赋，迄今有骚赋、骈赋、文赋90多篇，出版《姚平辞赋集》；其他学术著作十余部，约300万字。姚先生辞赋频频获奖，《过泸溪》《梅花赋》《瓷都赋》《糖球赋》《酒赋》均获金奖，系世界汉诗协会常务理事兼陕西联合会会长，中华诗词学会、中国楹联学会、陕西省作家协会会员，雁塔诗词学会名誉会长，《雁塔诗词》主编。

因为爱梅，姚平先生将自己的书斋命名为寒梅阁。姚先生说："寒梅阁者，余之书斋也。余以寒梅不畏强暴、不惧严寒而钦之，故以名斋。"（**姚平《寒梅阁赋》**）

2014年2月23日，笔者专程到西安考察姚平先生的寒梅阁，姚先生已去世半年多。几经打听，笔者联系上姚平先生的夫人雷珊老师，说明来意后，受到雷珊老师的热情接待。

走进姚先生的书房，姚先生生前用过的书桌、书橱、电脑等物

寒梅阁书画作品：林发题阁名　赵玉林书联
永刚作画（姚平先生生前提供）

品犹在，可姚先生早已驾鹤仙去。回想起几年前，笔者与姚先生电话联系时，姚先生还表示要找机会到笔者的雪山梅园参观。而今斯人已去，站在姚先生的遗像前，笔者不禁潸然泪下。

笔者在客厅坐定后，雷珊老师热情而亲切地介绍了姚先生生前的生活和他所追求的辞

姚平夫人雷珊老师在所赠《姚平文存》上题字（笔者 2014.2.23 拍摄）

赋事业。临别前，雷珊老师还拿出一套《姚平文存》（五卷本，340余万字）和其他部分著作，一并赠送给笔者并题字留念。

《姚平文存》（全五册）

附：姚平《寒梅阁赋》

寒梅阁者，余之书斋也。余以寒梅不畏强暴、不惧严寒而钦之，故以名斋。近因装修，重打书架，一面墙，分五格，共七层：中间三层，玻璃门；上下各两层，木门。书放前后两排，约可放二万册。重新整理图书，按总、文、史、哲、杂分类。再分经、史、子、集，诗、词、曲、赋，政、经、科、医等。确实浩如烟海，岂止书城。除电脑、书桌外，书量最大。纸质网上，相得益彰。为赋：

书融智慧，词汇海洋，思弥六合，事涉万方。经史子集，荀勖首开分类；文哲科美，丁乙自富收藏。中华五千年历史，典籍汗牛充栋；世界七大洲疆域，书刊海鸟翱翔。诗书易礼春秋，古之经典；楹联戏剧小说，今之津梁。今古连珠，山海经到红楼梦；中西合璧，牡丹亭连李尔王。中文出版，广搜几无遗类；地下发掘，杂集亦有华章。马王堆帛书，经法源于黄老；银雀山竹简，兵家演绎孙庞。历朝笔记，神异经传畏庐琐；千秋诗赋，楚离骚到今涉江。西欧文艺作品，还乡复活；长篇诗体小说，神曲唐璜。莎士比亚莫里哀，剧呈悲喜；塞万提斯契诃夫，篇有短长。诗友惠来诗集，源源不断；文朋赐给文章，浩浩其洋。古今中外，留得盈盈锦绣；文史哲杂，果然满目琳琅。

家庭图书馆，个人百宝箱。内府素书，不啻文渊阁；琅环秘籍，岂输通志堂。猎艳搜奇，金庸提供全集；明心见性，佛道奉献灵光。随遇而安，常见开卷有益；用心查找，必将收获无妨。读书自然求乐，远胜牌九；玩物未必丧志，如览无双。满足求知欲，似醍醐灌顶；寻得陶情处，如酒肉之穿肠。美好精神食粮，才是高士享受；胜过物质财富，有益心理健康。得暇日以消烦，锁住心猿意马；向东风以舒啸，何用舌剑唇枪。与子同仇，即此便是安乐国；愿尔偕老，有兹何异温柔乡。有得于中，与苏轼神交赤壁；不求甚解，同陶潜漫步鄱阳。怡情养性，聊乘化以归静；乐天知命，亦世事之有常。

诗曰：

> 寒梅有阁在吾家，二万藏书不自夸。
> 斗酒曾温三鼓梦，片笺未让一枝花。
> 芸窗浸月涵疏影，素壁当风沐锦霞。
> 经史诗词加电脑，怡情养性乐无涯。

寒梅阁

2007.12.28

五十九、梅兰陋室（蒋华亭）

蒋华亭（1933— ），字馥园，山东莒县人。中国书法家协会会员、潍坊市外办原副主任，出版《蒋华亭书法集》《华亭书道》《翰墨萍踪》等著作。室名梅兰陋室。

2008年春，雪山梅园梅花盛开，应笔者邀请，蒋先生到梅园赏梅。午饭后在梅园玉照堂交谈时，笔者问及蒋先生梅兰陋室的由来，蒋先生说："我特喜梅、兰二花，喜梅花之骨气，爱兰花之清香，故斋号

蒋华亭近照

蒋先生（左）与夫人（中）、女儿（右）在雪山梅园观赏台阁绿萼梅
（笔者 2008.3.21 拍摄）

蒋华亭先生在雪山梅园挥毫泼墨（笔者 2008.3.21 拍摄）

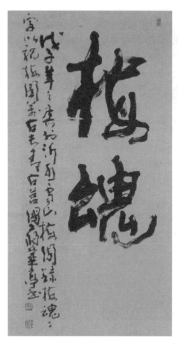

蒋华亭先生为笔者书"梅魂"

为梅兰陋室。" 蒋先生还说，他"原住一楼时，曾植梅花 60 余盆，院中有株蜡梅，树冠足有三抱有余。后搬到了二楼，梅、兰都不好养了，现在只有偶尔借梅花盆景一观，然后再送回主人。"

在 2008 年之前，笔者曾通过信件和蒋华亭先生联系，了解蒋先生梅兰陋室斋号的由来和寓意等。蒋先生收悉后，专门写了一封信介绍情况，并提供了自己的居室照片、书法作品等资料，笔者在此一并附上，以飨读者。

蒋华亭先生复信介绍梅兰陋室由来

蒋华亭先生书法作品《梅兰陋室》（蒋华亭先生提供）

六十、胡须梅园（李锦昌）

李锦昌（1940—　　），台湾弘扬梅文化社会活动家、胡须梅园主人。客家人，清初其祖上从大陆迁居台湾。

李锦昌先生长着络腮胡须，方面大脸，颇似达摩，以酷爱梅花而闻名，所以被称为"胡须李达摩""胡须梅王"等，他的梅园也因此被称为"胡须梅园"。

李锦昌先生在胡须梅园修剪梅花（李锦昌先生提供）

胡须梅园位于台湾苗栗南庄乡，是李锦昌先生于20世纪70年代末创建的。说起胡须梅园的创建，还与国画大师张大千有着一定的渊源。张大千性喜梅花，素以咏梅、赏梅为乐事。1978年春，已从美国迁居台湾的张大千，慕名到李锦昌的家乡——被誉为"世外桃源"的苗栗南庄寻找梅花，但失望而归。原来，台湾被日本占领50年之久，全岛遍植樱花，因此难觅梅花踪影。李锦昌听说此事后，触动很大。他毅然放弃养鹿事业，决定在自己的山地上改种梅花。

胡须梅园茶室（李锦昌先生提供）

说干就干，李锦昌把手头的200亩土地逐渐变卖，换取资金，在留下的40多亩地上种植梅花。为了建好梅园，李锦昌到处寻求优良品种，学习栽培技术。经过十几年的努力，李锦昌终于在梅园里培植出2000多株梅花和1000余盆梅花盆景。

现在，胡须梅园已成为台湾著名的赏梅胜地，每年早春，台北、桃园、新竹等地的人们纷纷到此寻春探梅。胡须梅园

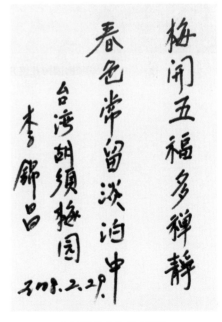

李锦昌先生为笔者题句
（梅开五福多禅静，春色常留淡泊中）

还先后吸引了蒋纬国、陈立夫、宋楚瑜等人慕名前往，并多次组织接待海峡两岸的书画家交流展览等活动。

胡须梅园梅花盛开（李锦昌先生提供）

六十一、冷香斋（王勇智）

王勇智（1941—　　），河南扶沟人，早年从事教育工作。历任扶沟县教育局局长、扶沟县委宣传部副部长、扶沟县人民法院院长、扶沟县政法委书记、扶沟县副县长等职。现为中国花卉协会梅花蜡梅分会顾问。

王勇智先生平生酷爱梅花，喜读梅诗，看梅画，乐于赏梅，更崇尚梅花斗雪傲霜的精神、玉洁冰清的品格及冷韵幽香的禀性。斋号为冷香斋，取意于唐代诗人朱庆馀《早梅》诗句："艳寒宜雨露，香冷隔尘埃。"

出于对梅花的情有独钟，王勇智先生在庭院植梅，在客厅、书房悬挂咏梅书画。冷香斋挂历上印制的，茶杯、茶碗上烧制的，砚台、书签、镇纸、墨锭上刻制的，都是

冷香斋斋额及楹联

梅花，条几上摆放的也是石雕梅花，就连养鸟用的水罐上烧制的都是梅花图案。

王勇智先生著有《梅魂》《梅联大观》等。其中，《梅魂》一书已传至意大利、韩国、日本等国家和地区，并获中国花卉协会梅花蜡梅分会颁发的"梅文化奖"奖杯。

梅魂亭联语：傲骨只应留鹤守，清名几欲畏人知
（王勇智先生提供）

冷香斋（中国书法家协会主席张海先生书）

六十二、伴梅居（严太平）

严太平（1945—　），字秤星，号伴梅居士，湖北孝感人。公安部消防局退休大校警官，现为公安消防文联顾问、中国公安书法

家协会副主席、中国老年书画研究会副会长、中国楹联学会书法艺术委员会委员、中国书法家协会会员等。编著出版了《草书导引》《严太平书法作品集》《赞梅作品集》等。应邀为人民大会堂、毛主席纪念堂、刘少奇纪念馆、

严太平先生近照

常德诗墙、汨罗屈原碑林等上百家文化单位题字或题字被勒石、陈列、收藏。为公安部办公大楼大理石屏书写"人民公安为人民"。

严太平先生一向喜欢梅花，每每以梅花之品格规范自我，斋号"伴梅居"，并拥有十数方"梅为伴"印章。究其原由，正如严先生所

伴梅居（严太平先生提供）

说,因为梅花既有鲜艳的花枝,又有傲霜斗雪的气概,所以喜欢梅花。另外还有一个原因,严先生夫人的名字叫王梅花,夫人为严先生钟爱的书法事业付出了很多,所以,严先生将自己的居室命名为伴梅居,也表达了对夫人的挚爱深情!

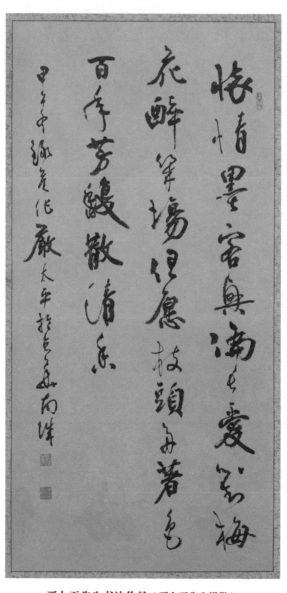

严太平先生书法作品（严太平先生提供）

六十三、梅雪村（李敬寅）

李敬寅（1949—　　），陕西永寿人。陕西省宋庆龄基金会副主席、陕西省决策咨询委员会委员、陕西省楹联学会会长、《陕西诗词界》杂志主编、中国作家协会会员、国家一级美术师。撰写出版散文、报告文学、长篇传记十多部，计500余万字。多次举办大型咏梅书画展，创作了梅花三部曲：长诗《梅花赋》、大型精装画册《李敬寅书画》、诗集《梅雪村放歌》。

几年前笔者与李先生有约，或者他来雪山梅园，或者笔者去西安。2014年2月22日，笔者专程去了西安。一见面，我们就紧扣着梅花话题聊了起来。李先生说，自己不善交际，也不接受他人的采访（笔者是他接受的第一位采访者），平时除了工作，有时间就写梅、画梅。李先生说，因为自己喜欢梅花，所以就选择了咏梅、画梅，并把自己的书房命名为"梅雪村"。李先生在一首咏梅诗中这样写道："'自

李敬寅先生在梅雪村作画（笔者 2014.2.22 拍摄）

古梅雪不离分，雪浓梅艳才成春。'为了做好梅花梦，我将自己的书房取名'梅雪村'。"李先生还说，他的居所，无论是旧宅还是新居，无论是居所还是办公室，都统称为"梅雪村"。

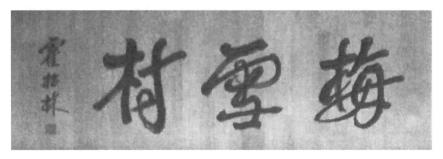

梅雪村斋额（李敬寅先生提供）

"梅雪村"斋额由李先生请唐诗研究泰斗霍松林先生题写，装裱大师魏庚虎先生制匾。"梅雪村"匾额制好后，李先生又题诗以记其盛："平生最爱寒梅花，亦喜大雪纷纷下。风雪交加傲岸立，万树新蕾迎春发。冰魂玉骨吐芬芳，若梦如诗似图画。我今为其心神动，梅雪之中造新家。"（*李敬寅《梅花赋》第十九章《爱梅情结》*）

六十四、青梅草堂（斯舜厚）

斯舜厚（1950— ），浙江诸暨人。小学高级教师，一直在百年名校斯民小学任教，教授小学高年级语文课。斯舜厚从小喜欢东涂西抹，十分喜爱书法，从 1978 年开始重视学校的书法教育。由于斯舜厚的努力，斯民小学已被市教育局评为书法特色学校。其斋号为青梅草堂。

青梅草堂是斯舜厚斯舜梅园内的一组建筑。斯舜梅园于 1983 年始建。当时，梅园主人在自留山上先后种下了 500 棵青梅、80 棵杨梅、10 棵蜡梅，经过几年的

青梅草堂匾额（笔者 2014.7.9 拍摄）

辛勤耕耘， 青梅、杨梅相继挂果，蜡梅凌寒怒放 。1993 年，梅园主人又投入十多万元在梅山上建造了三间房屋，因屋前屋后梅树掩

青梅草堂（笔者 2014.7.9 拍摄）

映，故取名"青梅草堂"。浙江省书法家协会副主席金鉴才先生题写了"青梅草堂"匾额。刘江、王冬龄、骆恒光、陈汉波、朱仁民等著名书画家也都在此留下了墨宝。梅开时节，芳香四溢，前来赏梅的文人雅士和各界朋友络绎不绝。

2014 年 7 月 9 日上午，笔者在浙江诸暨梅花同仁陈树茂先生的陪同下，专程到青梅草堂拜访了斯舜厚先生。青梅草堂环境优雅，空气清新，堪比世外桃源，令人流连忘返。

笔者与青梅草堂主人斯舜厚先生（左）在青梅草堂合影（2014.7.9 拍摄）

六十五、梅石居（王春亭）

王春亭（1954—　），山东沂水人，中学高级教师，沂水雪山梅园园主，中国花卉协会梅花蜡梅分会理事。斋号梅石居。

王春亭在雪山梅园玉照堂

王春亭爱梅成痴。2000年春，在齐鲁大地的沂水雪山风景区辟地 50 余亩，建一梅花专类园——雪山梅园。梅园以梅文化为核心，以梅文化石刻艺术为主要特色，古朴自然，高洁典雅。园中的百梅图石刻于 2001 年被上海大世界基尼斯总部确认为"大世界基尼斯之最"。

梅石居前梅花盛开（笔者 2015.3.23 拍摄）

　　王春亭还致力于对梅文化的调查、研究和整理工作。近年来，王春亭陆续在《书法报》《北京林业大学学报》等报刊上发表《咏梅楹联鉴赏》《咏梅闲章释义》《咏梅斋号撷趣》等文章，出版专著《历代名人与梅》（齐鲁书社 2014 年版）。

梅石居客厅（陈希龙先生 2015.2.22 拍摄）

梅石居书房一角（陈希龙先生 2015.2.22 拍摄）

　　梅石居是雪山梅园内的一组古典园林建筑，面阔五间，白墙、黛瓦、棕柱，质朴典雅，古色古香。山东大学教授刘乐一等为梅石居题写了匾额。门前有送春、复瓣跳枝、台阁绿萼、玉蝶龙游等数株梅花名品和两株蜡梅，花开时节，沁人心脾，甜香醉人。

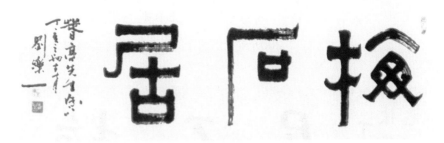

梅石居（山东大学教授刘乐一先生题）

梅石居（青岛科技大学教授王进家先生题）

附：王春亭《梅石居记》

余爱梅，爱其铁骨寒香，高洁淡雅；亦爱石，因其自然妙造，亦画亦诗；余更爱附石之梅，"石得梅而益奇，梅得石而愈清"，故颜其斋曰梅石居。丁亥小雪日，请陈俊愉先生题写斋名，先生欣然应允，挥毫题之。

余甚喜，是为记。

王春亭

2007 年 12 月 13 日于雪山梅园梅石居

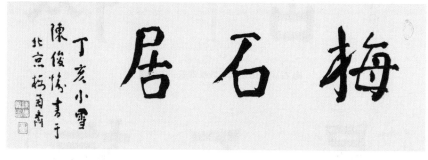

梅石居（陈俊愉先生题）

武传法《梅石居记》[①]

向闻至交春亭兄嗜梅，而非知其度也。及至其梅石居，乃肃然起敬也。斗室之内，方庭之中，梅石荟萃，精品济济，齐神州著名梅园之品位，并深得梅花之神韵。噫！临之若处东湖梅岭、无锡梅园、南京梅花山之境，至则感悟陶令东篱、杜甫草堂、梦得陋室之风者，唯梅石居也。一居之内，能养梅，赏梅，写梅，咏梅，画梅，刻梅，集梅石文化之大成，以此自勉自励，修身养性者，唯主人之逸兴也。

---

① 武传法，山东省作家协会会员。

尝闻赏梅有"四贵"，而不得享也。及至梅石居，乃心旷神怡也。白者如雪，红者似霞，绿者赛翠，秀外莹中，修洁洒脱，暗香疏影，孤压群芳；既以韵胜，又以格高，见姿则目爽，闻香则意酣者，主人之梅花盆景也。其桩之老，干之瘦，枝之稀，花之含，"四贵"兼也。"四贵"之外，主人又兼一贵。其附石而雅，抱石而健，穿石而劲，梅以石而愈清，石因梅而益奇者，乃主人之所贵也。

素闻梅具"四德"，而不得悟也。及至梅石居，乃心领神会也。其初生为元，开花为亨，结子为利，成熟为贞者，乃梅之"四德"也。"四德"之外，主人又兼一德。其玉洁冰清，具君子之风；贞姿劲质，有俊傲之骨；以此冲雪而出，凌寒而开，独步早春，自全其天；冰天雪地不昧其洁，华腴绮丽不辱其志者，乃主人所修之梅德也。

又闻梅开"五福"，而未之喻也。及至梅石居，乃豁然开朗也。主人尝云："梅花之五瓣，五福之征兆。"谓五福者，快乐，幸福，长寿，顺利，和平也。五福之外，主人又兼一福。问之何福，则欣然曰："春满乾坤，福遍神州，天下皆春而后笑，天下皆福而后福，此予之福也。"

己卯仲冬记。

六十六、梅斋（柴立梅）

柴立梅在梅斋

柴立梅（1964—　　），安徽蚌埠人。毕业于南京艺术学院书法篆刻专业。从事编辑工作。国家二级美术师、副教授。中国艺术研究院研究生院访问学者。现为中国书法家协会会员、安徽省书法家协会理事、安徽省散文家协会会员、安徽省女书法家协会副主席。书斋名为梅斋，冯其庸先生等为其题写了斋额。

柴立梅作品曾入展首届中日妇女书法交流展，中国第三、四届妇女书法篆刻展，第二届中国行草书大展，首届敦煌国际艺术节"敦煌杯"中国书法大赛，中国首届草书大展等。柴立梅参与了西泠印社、《书法报》、《书法导报》等举办的大赛交流活动，获"林散之奖·南京书法传媒三年展佳作奖"。曾被《书法》杂志评为百强榜成员，

冯其庸题"梅斋"（柴立梅提供）

获安徽省第二届青年"十佳"书家称号。2009 年获《书法报》兰亭诸子提名奖。作品及文章散见于各专业报刊。曾应邀赴日本、韩国、泰国等地举办联展并进行交流访问活动。

柴立梅名字中有梅，也爱梅。立梅，即"一剪寒梅傲立雪中"之义。在谈及梅斋的由来时，柴立梅如是说："梅斋，说不上是书斋，杂物多陈于其间。比如刻了几方小印，留下粉白屑亦未及时清理，东留张纸头，西搁张卡片，然存放在心灵深处（的）是笔下画出（的）心迹。

柴立梅书法作品
（引自柴立梅《梅斋清吟》）

喜欢梅，不如说更喜陆游词：'驿外断桥边，寂寞开无主。已是黄昏独自愁，更著风和雨。　无意苦争春，一任群芳妒。零落成泥碾作尘，只有香如故。'关于梅之诗词极多，我最喜此首。于是，就有了梅斋。"（柴立梅《梅斋清吟》）柴立梅还先后出版了随笔《梅斋清吟》、《梅斋夜话》、书画集《柴立梅的视界》等。

附录一　历代咏梅斋号一览表（615）

南北朝（1）

姓　名	生卒年	斋号室名	籍　贯	主要技能
陆修静	406—477	梅花馆	浙江湖州	南朝宋著名道士、早期道教的重要建设者

宋代（3）

姓　名	生卒年	斋号室名	籍　贯	主要技能
许棐	？—1249	梅屋	浙江海盐	工诗、富藏书
吴龙翰	1229—？	古梅窝	安徽歙县	
查莘		梅隐庵	安徽休宁	高士

元代（11）

姓　名	生卒年	斋号室名	籍　贯	主要技能
吴镇	1280—1354	梅花庵	浙江嘉善	工画
王冕	1287—1359	梅花屋	浙江诸暨	工画、善诗
朱升	1299—1370	梅花初月楼	安徽休宁	工诗文、明开国谋臣

（续表）

姓 名	生卒年	斋号室名	籍 贯	主要技能
林 弼	1325—1381	梅雪斋	福建漳州	工 诗
马 铎	1366—1423	梅岩书室	福建长乐	工文辞
王 昶		友梅轩		逸 士
韦 珪		梅雪窝	浙江绍兴	工 诗
李 康	？—1358	梅月书斋	浙江桐庐	琴棋书画
章仲文		梅 庄	浙江湖州	文 人
傅 著		味梅斋	江苏苏州	工文史

明代（85）

姓 名	生卒年	斋号室名	籍 贯	主要技能
杜 琼	1396—1474	三友轩	江苏苏州	书画皆精
胡居仁	1434—1484	梅溪山室	江西余干	工文史词赋等
文徵明	1470—1559	梅华屋、梅溪精舍（藏书印）	江苏苏州	工画、富藏书
周复俊	1496—1574	六梅馆	江苏昆山	工诗文
王 圻	1530—1615	梅花源（室额）	上 海	工文史、富藏书
王锡爵	1534—1611	崔梅仙馆、绣雪堂	江苏太仓	工文史、善书、富藏书
王骥德	1540？—1623	香雪居	浙江绍兴	精研词曲
冯梦祯	1548—1605	二雪堂	浙江嘉兴	工文史
周履靖	1549—1640	梅墟书屋	浙江嘉兴	工书法，精绘画、医学、茶道等
张大复	约1554—1630	梅花草堂	江苏昆山	工戏曲、精声律
许自昌	1578—1623	梅花墅	江苏苏州	戏曲家、文学家

（续表）

姓　名	生卒年	斋号室名	籍　贯	主要技能
徐𬭚	1582—1662	梅花庵	江苏太仓	善琴
钱谦益	1582—1664	梅圃溪堂	江苏常熟	明末清初一代文宗、诗坛盟主
张次仲	1589—1676	梅花书屋	浙江海宁	工诗文
熊文举	1595—1668	香雪堂	江西南昌新建	工文史，清初驰名文坛，极享盛誉
萧云从	1596—1669	梅筑	安徽芜湖	工诗文、善山水
张岱	1597—1689	梅花书屋	浙江绍兴	工文史
李桐	1598—1646	寒香阁	鄞县（今浙江宁波）	工诗古文词
左懋第	1601—1645	梅花屋	山东莱阳	工诗
阎尔梅	1603—1679	疏影居	江苏徐州	工诗
吴伟业	1609—1672	梅村	江苏太仓	诗人、戏曲作家
冒襄	1611—1693	影梅庵、兰言影梅庵	江苏如皋	工诗文
张若仲	1612—1695	梅花草堂	福建漳浦	工诗文
归庄	1613—1673	梅花楼	江苏昆山	工诗文、善画
汪之顺	1622—1677	梅湖草堂	安徽休宁	工诗
朱之锡	1623—1666	寒香馆	浙江义乌	进士，清初治河名臣
吕留良	1629—1683	梅花阁	浙江桐乡	工诗文
盛远	1630—1710	三友庵	浙江嘉兴	善书，工诗
张英	1637—1708	香雪草堂	安徽桐城	官员，著《笃素堂诗集》，官至一品大学士

（续表）

姓　名	生卒年	斋号室名	籍　贯	主要技能
陈迁鹤	1639—1714	梅石山房	福建龙岩	通经学、工书
吴之振	1640—1717	梅花阁	崇德（今浙江桐乡）	藏书家、诗人
乔　莱	1642—1694	梅花庄、二百四十本梅花书屋、香雪亭	江苏宝应	工诗文，善画山水
尤　文		一梅轩	江苏无锡	
尤　谦		梅花书屋	江苏无锡	
文　燠		梅花居	湖南华容	著《梅花居》集
王　照		梅花屋	浙江秀水	
刘宗重		梅花墅	浙江永嘉	
刘祖满		梅妆阁	江西庐陵	工诗，著《刘兰雪女史诗钞》
孙　淳		梅绾居	浙江嘉兴	工文史
朱光甫		梅雪轩	江西丰城	
朱宠瀁		梅南书屋（刻书室名）	辽藩	善刻书
朱敬镕		梅雪轩	明宗室	能　诗
朱　熊		梅月轩	江苏江阴	工文史
许如兰		香雪斋	安徽合肥	工诗文
何之杰		梅花楼	浙江萧山	工　诗
李嗣京		冷吟斋	江苏兴化	工诗文
杨若桥		香雪斋	北　京	著《香雪斋集》等
沈太泈		梅花屋	浙江杭州	工　诗
沈鸣求		梅源草堂	上　海	工　书

（续表）

姓 名	生卒年	斋号室名	籍 贯	主要技能
陆树德		梅南草庐	娄县（今属上海）	官员，刚正清严
陈咨稷		梅花草堂	江苏武进	
周 赞		梅月轩	广西桂林	
林鸣善		梅南别墅	浙江黄岩	
罗鹗		梅花园	广东番禺	
郁起麟		梅花草堂	湖南石门	
郑 环		梅花书屋	浙江杭州	工文辞
范象先		梅花楼	江苏苏州	文 人
南尧民		梅雪窝	浙江乐清	工 诗
胡时忠		冷香斋	江苏无锡	工文史
胡维霖		啸梅轩	浙江新昌	工诗文
徐来凤		玉梅馆	江西南昌	
徐应震		梅花堂	江苏江阴	爱山成癖
柴惟道		玩梅亭	浙江杭州	工 诗
顾 谦		爱梅轩	江苏仪征	官员，政绩卓著
盛宗麟		梅花园	江西武宁	
萧 佑		梅竹山房	江西吉安	
萧鹤龄		餐梅阁	江西会昌	工诗文
万 纶		月梅轩	云南金齿（今云南保山）	
黄嘉恩		梅妆馆	鄞县（今浙江宁波）	
赵 宸		梅花堂	河北定兴	《梅花堂诗稿》等

（续表）

姓　名	生卒年	斋号室名	籍　贯	主要技能
吴敏功		梅浦轩	广济（今湖北武穴）	
段暄		梅菊圃	云南剑川	
毛秉铎		梅　塘	福建福清	
盛　仪		梅　塘	安徽桐城	
沈一中	1595 年前后在世	梅　园	鄞县（今浙江宁波）	《梅园集》三十卷、诗赋十一卷、杂文十二卷
范志统		梅　园	福建永安	著《梅岗诗集》
蔡　荫		梅　园	福建尤溪	
董　珪		梅　园	安徽泾县	
吴尔施		疏影斋	侯官（今福建福州）	
徐　介		贞白斋	浙江杭州	高　士
徐　英		寒香亭	江西南城	
辛　陛		寒香馆		
许元溥		梅花墅（藏书楼），将父藏书室“梅花庵”改为“梅藏庵”	江苏苏州	藏书家
朱朝瞲		三友堂	安徽凤阳	
萧　璓		三友堂	江西清江	

清代（374）

姓　名	生卒年	斋号室名	籍　贯	主要技能
王式丹	1645—1718	十三本梅花书屋	江苏宝应	工诗文
佟世恩	1649—1691	与梅堂	辽宁辽阳	工诗文辞
宋　衡	1654—1729	啸梅斋	安徽庐江	工诗文，善书法，著《啸梅斋集》
汪　森	1653—1726	梅雪堂（刻书室名）	浙江桐乡	工诗文
李　璟	1661—1732	梅月楼	江西鄱阳	工　诗
程梦星	1678—1747	修到亭	安徽歙县	工　诗
马曰琯①	1687—1755	梅　寮	祖籍安徽祁门，定居扬州	盐商，精文学、园林艺术
李方膺	1695—1754	梅花楼	江苏南通	工诗画
宋宗元	1710—1779	梅花铁石山房	江苏苏州	工文史
秦兆雷	1722—1781	梅花书屋	江苏无锡	官员（诰授中宪大夫候选知府）
余庆长	1724—1800	香雪阁	湖北安陆	工诗古文
顾　枫	1726—?	伴梅草堂	浙江慈溪	工诗、善藏书
侯学诗	1726—1792	八月梅花草堂	江苏南京	工诗文
孙　蟠	1727—1804	香雪山房	安徽寿县	精书画，善篆刻、善制墨

---

① 梅寮同时也是马曰琯兄弟马曰璐（1701—1761）的斋号。

（续表）

姓　名	生卒年	斋号室名	籍　贯	主要技能
蔡以台	1729—？	三友斋	枫泾南镇（今上海金山）	状元 精通金石、善辨钟鼎，诗文气骨奇高、清丽绝俗
许　琛	1731—？	疏影楼	福建福州	工书画
管干贞	1734—1798	梅花书屋	江苏常州	工诗文、善画
吴克谐	1735—1821	梅花阁	浙江桐乡	工书画
孙志祖	1737—1801	梅东书屋	浙江杭州	工文史
庄宝书	1740—1795	梅厔山房	江苏常州	善书，著《梅厔山房诗钞》
潘奕隽	1740—1830	探梅阁	江苏苏州	工书、善画梅兰
王友亮	1742—1797	补梅书屋	江西婺源	工诗文
吴蔚光	1743—1803	梅花一卷楼	安徽休宁	善古文、工诗词
徐旭曾	1751—1819	梅花阁	广东和平	工诗，著《梅花阁吟草》
石　钧	1755—1805	梅清阁	江苏苏州	工诗文
何玉英	1757—1810	疏影轩	福建闽侯	工诗，著《疏影轩诗集》
谢金銮	1757—1820	梅花小隐山斋	福建闽侯	工文史
计　楠	1760—1834	梅花西舍	浙江嘉兴	善画梅、工诗
焦　循	1763—1820	蜜梅花馆	江苏扬州	哲学家、戏曲理论家

（续表）

姓　名	生卒年	斋号室名	籍　贯	主要技能
瞿中溶	1769—1842	梅花一卷楼	上　海	擅印、工画、善书
王麟生	1771—1799	补梅书屋	江西婺源	工　诗
黄成吉	1771—1842	双桥一石一梅花书屋	江苏扬州	工诗古文
张作楠	1772—1850	梅簃	浙江金华	通天文、数学，富藏书，工诗
张培敦	1772—1846	石室梅堂	江苏苏州	工山水花卉、精鉴藏
姚元之	1773—1852	大梅山馆	安徽桐城	善人物花卉
叶廷勋	1775—1832	梅花书屋	广东南海	工诗，有《梅花书屋近体诗》
徐同柏	1775—1860	松雪竹风梅月庐	浙江海盐	工篆刻
张瑞溥	1776—1831	十二梅花书屋	浙江温州	工诗文
章黼	约1777—1857	梅竹山庄	浙江杭州	博学多才，好读书，喜字画
顾翎	1778—1849	绿梅影楼	江苏无锡	工　词
汤贻汾	1778—1853	画梅楼	江苏常州	工诗、善画山水、松梅
焦廷琥	1782—1821	蜜梅花馆	江苏扬州	学通经史，工诗文，著《蜜梅花馆诗录》
林则徐	1785—1850	补梅书屋	福建福州	工诗文
陈铣	1785—1859	百梅精舍	浙江嘉兴	善书画、尤长梅竹小品

（续表）

姓　名	生卒年	斋号室名	籍　贯	主要技能
冯承辉	1786—1840	梅花楼	上　海	工篆隶、精刻印、喜画梅
赵辉璧	1787—?	香雪斋	云南洱源	工诗文
贺熙龄	1788—1846	寒香馆	湖南长沙	工诗文
龚自珍	1792—1841	病梅馆	浙江杭州	思想家、诗人、文学家和改良主义先驱者
刘喜海	1793—1853	十七树梅花山馆	山东诸城	金石学家、古泉学家、藏书家
潘焕龙	1794—?	四梅花屋	湖北罗田	工　诗
陈梅仙	1795—1827	香雪阁	湖南汉寿	诗人、书法家，善治印
蒋启敭	1795—1856	问梅轩	广西全州	工诗文
林星章	1797—1841	二梅书屋	福建福州	工文史
管庭芬	1797—1880	锄月种梅室	浙江海宁	善诗文、工画山水、兰竹等
王汝玉	1798—1852	伴梅花馆	江苏苏州	工　诗
段光清	1798—1878	吟梅草堂	安徽宿松	工文史，有政声
顾复初	1800—1893	梅影庵	江苏苏州	工诗、古文辞，善书画
阮　安	1802—1821	百梅吟馆	江苏扬州	工　诗
汤绥名	1802—1846	画梅楼	江苏常州	工书、善画梅

（续表）

姓　名	生卒年	斋号室名	籍　贯	主要技能
计光炘	1803—1860	冷香阁	浙江嘉兴	喜藏书、精画理
吴廷燮	1803—1856	小梅花馆	浙江海盐	工诗词、善山水
张　熙	1803—1821	百梅吟馆	江苏扬州	
万时喆	1804—?	梅花馆	湖北潜江	诗文俱佳、循吏
罗天池	1805—1866	铁梅轩、修梅仙馆	广东新会	工书画、精鉴赏
姚　燮	1805—1864	大梅山馆、疏影楼	浙江宁波	工诗画、尤善人物、梅花
钱聚朝	1806—1860	梅隐庵	浙江嘉兴	工花卉、精画梅
姚　济	1807—1876	一树梅花老屋	江苏娄县	工诗画、精雕刻
宝　鋆	1807—1891	吟梅阁		工　诗
潘遵祁	1808—1892	香雪草堂、四梅阁	江苏苏州	工花卉、善诗文
汤成彦	1811—1868	梅隐庵	江苏常州	长于骈文
顾文彬	1811—1889	锄月轩	江苏苏州	爱收藏，精赏鉴
杨　翰	1812—1879	三十树梅花书屋	河北新城	工书、善诗文词
魏燮均	1812—1889	梦梅轩、香雪斋	辽宁铁岭	工诗、善书
王　拯	1815—1876	十二洞天梅花书屋	广西柳州（祖籍绍兴）	工古文、精书画

（续表）

姓　名	生卒年	斋号室名	籍　贯	主要技能
彭玉麟	1816—1890	梅雪山房	湖南衡阳	工诗、善画梅
凌　霞	1820—1890	二金梅室、梅花草庵	浙江湖州	工诗书、善写梅
傅　岱	1822—1880	守梅山房	浙江诸暨	学　者
王凯泰	1823—1875	十三本梅花书屋	江苏宝应	工　诗
叶衍兰	1823—1897	梅影庵	广东广州	工词、善书
潘喜陶	1823—1900	梅花庵	浙江海宁	工书善画、尤擅墨梅
陈曼寿	1824—1884	味楳（古梅字）华（通"花"）馆	浙江嘉兴	善书画
刘履芬	1827—1879	古红梅阁	浙江江山	工诗文词、通音律
何昌梓	1827—1880	香雪轩	上　海	工诗、精医
陈方平	1827—1892	梅花书屋	广东潮州	工　诗
赵宗建	1828—1900	梅颠阁	江苏常熟	藏书家
丁彦臣	1829—1873	梅花草堂（盦）	浙江湖州	精鉴赏
宋志沂	1830—1860	梅笛庵	江苏苏州	善诗词、工书
章永康	1831—1864	瘦梅书屋	贵州大方	精通经史子集，擅长诗词
平步青	1832—1896	香雪崦	浙江绍兴	文史学家、考证学家
丁　丙	1832—1899	梅溪书房	浙江杭州	藏书家，善画

（续表）

姓　名	生卒年	斋号室名	籍　贯	主要技能
谢　庸	1832—1900	梅石庵	江苏苏州	金石收藏、工诗文书画
吴大澂	1835—1902	梅竹双清馆	江苏苏州	工诗文、书画
陈懋侯	1837—1892	二梅亭	福建福州	工诗文
志　润	1837—1894	暗香疏影斋		工诗词
王尔度	1837—1919	古梅阁	江苏江阴	工篆隶、精篆刻
陈作霖	1837—1920	寒香坞	江苏南京	文学家、经学家、史志学家
黄文达	1837—1884	绿梅花龛	江苏江宁	词人，以医为业，著《绿梅花龛词》
丁　佩		十二梅花连理楼	上　海	善刺绣
方韵仙		吟梅仙馆	江苏昆山	工　诗
王元礼		梅笑轩	浙江杭州	工　诗
王文枢		官梅堂	江苏扬州	
王日乾		暗香斋	河北盐山	工　诗
王学桨		梅花书屋	江苏吴江	
王荫福		三百树梅花庵	河北正定	
王贻燕		香雪山房	上　海	精篆刻、工画兰竹
王　倩		寄梅馆	浙江绍兴	工文善画
王德模		种梅山房	安徽芜湖	

（续表）

姓　名	生卒年	斋号室名	籍　贯	主要技能
王箴舆		七十五梅树溪堂	江苏宝应	工诗文、善书
冯金铦		六梅书屋	江苏金坛	撰《六梅书屋存稿》
包　芬		梅花吟屋	浙江杭州	名士，工诗文
包采芝		韵梅阁	江苏丹徒	工　诗
包淦生		问梅花庵	浙江杭州	工　诗
叶以照		梅隐草堂	浙江杭州	工六法、性好游
叶梦珠		九梅堂	上　海	工文史
刘近宸		梅月山楼	福建长乐	
刘鸣玉		梅芝馆	浙江绍兴	善画梅、工书
刘　锡		写梅阁	天　津	工诗书、善画梅
刘源深		味梅花馆	江苏南京	工诗文
吕　熊		梅隐庵	江苏苏州	工文史
孙嘉瑜		梅影山房	安徽寿县	工　诗
朱亢宗		香雪山房	浙江仙居	工　诗
朱静霄		爱梅阁	湖北通山	工　诗
毕华珍		梅巢	江苏太仓	工诗、书画山水
毕　汾		梅花绣佛楼	江苏太仓	工　诗
许德瑗		疏影楼	福建福州	工诗、善画梅兰竹菊

（续表）

姓　名	生卒年	斋号室名	籍　贯	主要技能
严钟清		三十树梅花书屋	浙江桐乡	
何国柱		吟梅仙馆	浙江嘉兴	
何适		官梅阁	福建惠安	工　词
何探源		咏梅山馆	广东大埔	工　诗
何钰麟		吟梅阁	湖南长沙	工　诗
吴文炳		香雪山庄	安徽泾县	工诗、 善刻书
吴宁谔		梅花书屋	江苏淮安	工文辞
吴华		梅豆山房	浙江杭州	
吴钧		梅花书屋	上　海	工文史、 精鉴赏（古 钱币）
吴懋政		梅簃	浙江海盐	名　儒
吴懋谦		梅花书屋	上　海	工　诗
宋安涛		十二梅花书屋	四川双流	工　诗
宋廷梁		赋梅书屋	云南晋宁	工　诗
宋其沅		梅花书屋	山西汾阳	工　诗
张文溥		梅花小墅	上　海	工诗、 善画山水
张杏林		一枝春馆	江苏高邮	
张若采		梅屋	上　海	工　诗
张葆恩		古梅花吟舫	浙江海宁	
张蕊贞		吟梅阁	浙江嘉兴	
李士瑜		老梅书屋	山东巨野	

（续表）

姓　名	生卒年	斋号室名	籍　贯	主要技能
李大复		数点梅花草堂	上　海	著《数点梅花草堂诗稿》四卷
李可杕		问梅轩	云南澄江	工诗、善书
李希邺		梅花小隐庐	江苏南京	工　诗
李果珍		官梅阁	陕西洛南	工　诗
李基和		梅崖山房		工　诗
李崧霖		三十六树花书屋	四川中江	工山水、善诗
杨兆麟		友梅书屋	江苏吴江	
杨学煊		一树梅花书屋	贵州黔西	工　诗
杨绍修		伴梅斋	浙江宁波	
杨振录		古梅书屋	上　海	
杨铎		三十树梅花书屋	河南商城	精金石学
杨缙		友梅居	广东大埔	
杨藻		梦梅仙馆	江苏无锡	
汪光甲		百梅楼	浙江嘉兴	
汪廷栋		闻梅旧塾	安徽歙县	善刻书
汪澍		古梅溪馆	浙江嘉兴	工　词
沈三曾		十梅书屋	浙江湖州	工诗文
沈士纶		红梅山馆	江苏江阴	著《红梅山馆存稿》
沈同甫		玉梅庵	江苏常熟	
沈嘉森		香雪山房	上　海	善小篆、工诗文

（续表）

姓　名	生卒年	斋号室名	籍　贯	主要技能
陆长春		梅隐庵	浙江湖州	工诗词
陆鼎		梅叶阁、梅叶山房	江苏苏州	工画、精篆刻
陆韵珊		梅修馆	浙江绍兴	工　书
陈一策		香雪斋	福建晋江	工　诗
陈大龄		红梅花阁	江苏常熟	工花卉、善篆刻
陈时升		双梅轩	江苏高邮	文学家,著《双梅轩文存》《双梅轩诗存》等
陈昌汝		吟梅花馆	安徽庐江	
陈迪南	？—1910	百梅书屋	湖北监利	工诗文
陈春熙		红梅花阁	浙江海宁	工书、尤善竹雕
陈遇尧		古梅轩	浙江海宁	
周龙章		问梅小屋	浙江杭州	
周启仕		数点梅花馆	浙江奉化	工　诗
周序鸢		梅花书屋	广东东莞	工书、善画梅
林玉		友梅仙馆	浙江镇海	
林庆炳		爱梅楼	福建福州	工文辞
欧阳鼎		梅花书屋	四川广安	
欧秀松		梅花阁	湖南浏阳	工　诗
茅茆		梅瑞轩	江苏高邮	工诗文
郑由熙		暗香楼	安徽歙县	精通曲学,工写梅兰

（续表）

姓　名	生卒年	斋号室名	籍　贯	主要技能
金尔果		种梅花馆	江苏常熟	
侯　炜		铁梅馆	江苏无锡	善擘窠书、尤精汉隶
施养浩		友梅阁	浙江杭州	工书、善山水
查映玉		梅花书屋	浙江海宁	工　诗
柳清沧		修梅馆	江苏吴江	
胡宗阅		种梅斋	江西峡江	
胡绍泉		双梅轩	浙江嘉兴	
胡筠贞		韵梅阁	湖南武陵	工　诗
胥庭清		梅花书屋	江苏南京	工　诗
荣　涟		香雪社	江苏无锡	善画能诗
赵　莲		画梅庐	浙江海盐	工写梅、能篆刻、善吟咏
凌丹陛		六梅书屋	浙江湖州	善散曲
夏学礼		吟梅花馆	江苏苏州	
徐凤冈		玉梅花馆	江苏昆山	
徐光发		梅花山馆	上　海	工　诗
殷佳实		梅花书屋	浙江镇江	工　诗
涂　瀛		吟梅阁	广西桂林	工诗文
袁绩懋		味梅斋	江苏常州	工诗文
钱辰吉		老梅书屋	浙江杭州	工　诗
钱蘅生		梅花阁	浙江平湖	工诗、善画
顾　湛		半梅堂	贵州黎平	

（续表）

姓　名	生卒年	斋号室名	籍　贯	主要技能
高业成		玉梅山房	湖北江陵	
曹应枢		梅雪堂	浙江瑞安	工　诗
曹毓瑛		锄月馆	江苏苏州	工　词
清　璧		老梅山房	江苏苏州	著《老梅山房》
盛万纪		友梅轩	上　海	工文史
章国录		梅韵楼	江西瑞昌	工诗文
萧品清		六梅山房	云南剑川	工书、善篆刻
阎符清		伴梅轩	河北沧州	工　诗
黄叔元		补梅花庐	浙江宁波	工　诗
傅元杓		问梅堂	浙江镇海	工诗，有《问梅堂诗稿》
黄宗汉	？—1864	梅石山房	福建泉州	进士，官至浙江巡抚，爱国官员
黄帝臣		梅麓轩	福建莆田	工诗、善行书
黄振苍		三十三本梅花老屋		
龚有晖		梅花书屋	四川巴县（今重庆）	工书画
傅之奕		双梅堂	贵州仁怀	工　诗
傅光炤		问梅堂	浙江镇海	
傅鼎乾		梅花一卷楼	浙江杭州	工　诗
傅嘉让		问梅堂	浙江镇海	工　诗
程　增		种梅轩	上　海	不　详

（续表）

姓　名	生卒年	斋号室名	籍　贯	主要技能
蒋汝偑		吟梅仙馆	江苏无锡	工　诗
蒋鸣珂		一梅斋	浙江杭州	善刻书
蒋鸿渐		竹梅斋	江苏武进	不　详
蒋琦龄		问梅轩	广西全州	工　诗
鲁　鹏		吟梅仙馆	安徽休宁	不　详
鲍　逸		问梅庵	浙江杭州	工书、善画梅
翟应绍		香雪山仓	上　海	工画竹、能篆刻
蔡蓉升		梅花山馆	浙江湖州	工诗文
管滋琪		梅花书屋	江苏常州	工　画
戴文灿		锄月种梅花馆、种梅书屋	江苏南京	
徐沅瑞		三友斋	江苏宜兴	
吴山秀		小梅花庵	江苏苏州	善山水、花卉
秦　昌		友梅斋	江苏无锡	词人、著《友梅斋剩稿》
何廷蛟		玉梅园	广东东莞	纂修广东东莞大汾何萃堂族谱
李　瑁		存梅亭	四川新都	
王及鸿		香雪山房		
沈　诚		香雪山房	上海嘉定	

（续表）

姓　名	生卒年	斋号室名	籍　贯	主要技能
崔应阶		香雪山房	湖北武汉	清朝大臣，著名散曲家、诗人
褚上林		香雪山馆	湖北恩施	诗　人
都　峄		香雪山斋	浙江海宁	
葛金章		香雪居	江苏昆山	画家，擅山水
黄文彪		香雪居	安徽休宁	通经史，专于诗著，有《香雪居稿》
胡翘霜		香雪亭	湖北黄冈	诗人，有《香雪亭诗集》
沈璧珵		香雪草堂	上　海	著《香雪草堂词》
郭尚文		香雪草堂	江苏扬州	爱作诗，好宾客
陶韵梅		香雪轩	上元（今江苏江宁）	
程汝梅		香雪轩	安徽贵池	
吴雪濂		香雪堂	安徽休宁	著《香雪堂诗》
徐兆丰		香雪巢	江苏扬州	工诗善书，尤善画梅
张秀端		香雪巢	广东广州	布　衣
张　域		香雪庵	山西阳城	工书，著《香雪庵诗钞》
叶德徽		香雪庵	浙江杭州	著《香雪庵吟稿》

（续表）

姓　名	生卒年	斋号室名	籍　贯	主要技能
朱绍博		香雪窝	江苏苏州	著《香雪窝吟稿》
王　诚		香雪园	上海松江	
吴若云		香雪阁	上海嘉定	
李　煜		香雪阁	江苏睢宁	
李学温		香雪阁	河北任丘	著《丽景楼诗》
梅凤藻		香雪楼	湖北麻城	
李　蒔		香雪楼	江苏兴化	
杨素华		香雪楼	浙江嘉兴	
万炜彤		香雪楼	湖北应城	工诗，兼及经史等，有《香雪楼吟稿》
刘泽苊		香雪馆	山东沂水	
朱　绂		香雪斋	云南昆明	曾有诗写饵块（粑粑）
朱攀梅		香雪斋	江苏南京	
江之兰		香雪斋	安徽歙县	医学家
李　亘		香雪斋	上海嘉定	
侯王俨		香雪斋	上海嘉定	
徐　阊		香雪斋	贵州铜仁	工　诗
张联璧		香雪斋	山西闻喜	
梁瑞芝		香雪斋	福建长乐	工诗，有《香雪斋小草》
梁符瑞		香雪斋	福建福州	诗　人

姓　名	生卒年	斋号室名	籍　贯	主要技能
梁　娴		香雪斋	贵　州	
严　鈖		香雪斋	浙江桐乡	著《香雪斋诗钞》
王景美		笑梅轩	陕西华阴	著《笑梅轩遗稿》文集
赵廷枢		问梅堂	云南大理	工诗，有《所园诗集》《问梅堂草》等
赵孝英		梅花小阁	湖南龙阳	善书法，长于篆隶，有诗名
萧长龄		梅竹山房	江西吉安	
张文浦		梅竹吾庐	上海嘉定	
顾　光		梅东书房		
徐光发		梅花山馆	上海南汇	有《梅花山馆诗钞》
方　照		梅花吟馆	山东海阳	
陈　黛		梅花室	江苏南京	
张　取		梅花轩	云南酬山（云南鹤庆山区有酬山节）	
黄　铣		梅花轩	安徽歙县	
吴　翘		梅花草堂	江苏吴江	
程泽芹		梅花草堂	江西婺源	
朱雕模		梅花书屋	浙江杭州	
周　浚		梅花书屋	河北宁津（今属山东）	工　书

（续表）

姓　名	生卒年	斋号室名	籍　贯	主要技能
金之鹏		梅花书屋	安徽无为	
徐　源		梅花书屋	江苏高邮	著《梅花书屋诗钞》
张世镕		梅花书屋	江苏江阴	
熊　任		梅花书屋	浙江新昌	
魏洪阳		梅花书屋	山东潍坊	工　书
范宝穌		梅花深处	上　海	
钟　韫		梅花园	浙江杭州	工诗及长短句,著《梅花园诗存》
朱昌辰		梅花阁	浙江海宁	
程直仞		梅花阁	江西鄱阳	
范　华		梅花楼	广东吴川	著《梅花楼诗钞》
李　云		梅花楼	江苏南通	
张问明		梅花楼	福建将乐	
江韵梅		梅花馆	浙江杭州	工诗,著《梅花馆诗集》
石赉良		梅花兰亭馆	江苏苏州	
宋彦成		梅花铁石山房	湖南平江	
杜乘时		梅笑亭		著《梅笑亭诗稿》
王元礼		梅笑轩	浙江杭州	著《梅笑轩诗集》
王晋涛		梅舫居	江苏昆山	
沈　机		梅泾草堂	浙江桐乡	擅书

（续表）

姓　名	生卒年	斋号室名	籍　贯	主要技能
何慧生	？—1859	梅神吟馆	湖南善化	工诗词，善绘画，著《梅神吟馆诗草词草》
段　维		梅雪堂	陕西岐山	文笔精美，法学尤有造诣，著《梅雪堂文集》
胡国柱		梅雪堂	广东顺德	著《梅雪堂文集》等
骆瑶光		梅雪堂	广东广州	辑《梅雪堂印谱》
妙　灵		梅华仙馆	陕西韩城	
许运昌		梅闲书屋	陕西甘泉	能诗，有题禹之鼎画诗
查星路		梅咏轩	浙江海宁	
许世孝		梅溪半舫	江苏常熟	
孙　淳		梅绾居	江苏苏州	著《梅绾居诗选》
陈　蔚		梅绿书房	安徽青阳	能　诗
谢圣鞹		梅影轩	广东番禹	
巫之恋		梅影楼	安徽当涂	著《梅影楼文集》
汪　是		梅影楼	安徽歙县	好读书，解吟诗，著《梅影楼诗》等

（续表）

姓　名	生卒年	斋号室名	籍　贯	主要技能
黄　衡		梅龙阁	安徽歙县	著《梅龙阁诗集》
史瑶卿		梅吟阁	浙江桐乡	诗人，著《梅吟阁集》等
杨果叶		梅隐楼	湖南宁乡	
陈汝咸	?—1714	梅　庐	浙江鄞县（今宁波）	官　吏
黄鲸文		梅　庐	广东中山	著《梅庐吟稿》
胡绣珍		寒香室	浙江海盐	
刘元燮		寒香草堂	湖南湘潭	善吟咏，著《寒香草堂集》《梅垞吟》等
方子耀		寒香阁	安徽桐城	善诗文书画，著《寒香阁训子说》等
徐　炜		寒香阁	江苏江宁	
殷锯金		寒香馆	浙江临安	
梁九章		寒香馆	广东顺德	工诗书画，有《墨梅图》传世
张敬祖		寒香斋	江苏丹阳	工画墨梅
杨士林		寒香斋	江苏苏州	工诗，著《寒香斋诗稿》，擅画兰竹
徐人杰		疏影山庄	浙江嘉兴	

（续表）

姓　名	生卒年	斋号室名	籍　贯	主要技能
毛　珏		疏影居	江苏苏州	
李　隋		疏影庵	浙江杭州	
石　采		疏影楼	福建福州	
倪　淑		疏影楼	安徽桐城	工书擅诗
谭锡礼		咏梅仙馆	广东广州	
何泰亨		咏梅轩	湖南平江	著《咏梅轩诗集》
谢兰生		咏梅轩	江苏常州	工诗，著《咏梅轩稿》
方　琐		爱梅轩	安徽定远	
胡廷萧		爱梅庐	安徽泾县	
纪曾华		暗香书屋	河北文安	
徐宝炘		暗香疏影轩	浙江海盐	
钟式丹		暗香阁	浙江海宁	
朱　梅		暗香楼	浙江海宁	
沈同梅		绿梅花馆	浙江绍兴	
祝　铨		绿梅花馆	浙江绍兴	
张贞兰		绿梅花馆	广西桂林	工　文
刘宗光		绿梅亭	湖北石首	著《绿梅亭草》
赵衡铨		梦梅花轩	浙江海盐	
瞿庭芝		梦梅草堂	江苏常熟	
赵　美		梦梅书屋	浙江余姚	
武去私		梦梅堂	山西陵川	
蔡家瑜		啸梅轩	安徽合肥	

（续表）

姓　名	生卒年	斋号室名	籍　贯	主要技能
刘　锡		写梅阁	天　津	工行草，善画梅
孙嘉瑜		影梅山房	安徽寿县	博学工诗，著《影梅山房诗集》
宋豹文		赋梅山房	河北唐山	
宋德润		赋梅居	河北沧州	著《赋梅居杂咏》
宋志恒		赋梅书屋	江苏苏州	
宋佳绣		赋梅堂	浙江金华	
王兆祯		旧梅花盦	河北清河	
胡绍泉		双梅轩	浙江平湖	
杨　崧		竹梅居	上海宝山区	
何　儵		问梅小阁	浙江杭州	
张金均		问梅轩	浙江嘉兴	
钱慎方		梅花书屋	江苏无锡	
范桂鄂		梅雪山房	河北藁城	文　人
吴光奇		梅隐庐	江苏苏州	工诗，著《蜗园诗钞》

近代（94）

姓　名	生卒年	斋号室名	籍　贯	主要技能
金尔珍	1840—1919	梅花草堂	浙江嘉兴	工书画、通金石

姓　名	生卒年	斋号室名	籍　贯	主要技能
金心兰	1841—1909	冷香馆	江苏苏州	工山水、善画梅
唐景崧	1841—1903	五梅堂	广西灌阳	工诗文
沈　廉	1842—1916	冷香馆	浙江慈溪	工诗古文辞
郭庆藩	1844—1896	十二梅花书屋	湖南湘阴	工诗文，有《十二梅花书屋诗集》等
邓　溁	1848—1903	梦梅轩、梦梅庐	江苏无锡	工韵语（诗词），著《梦梅轩词草》
管鸿词	1848—1918	梅花阁	浙江海宁	工诗文
张　謇	1853—1926	梅垞、千五百本梅花馆	江苏南通	实业家、教育家
傅振海	1855—1926	守梅山房	浙江诸暨	工诗文
郑文焯	1856—1918	梅鹤山房	辽宁铁岭	工诗词、善书画
祁世倬	1856—1930	双梅五桂轩	江苏徐州	工诗文
梁鼎芬	1859—1919	六梅堂	广东番禺	工诗文辞、富藏书
况周颐	1859—1926	第一生修梅花馆	广西桂林	工词、精于词论
张　莹	1863—1894	香雪馆	云南会泽	工诗书画，著《香雪馆遗诗》
丁立本	1863—1905	友梅轩	浙江杭州	
程松生	1863—？	香雪盦	安徽歙县	词人，著《香雪盦词剩》
叶德辉	1864—1927	双楳景闇、双梅影阁	湖南长沙	藏书家、目录版本学家
齐白石	1864—1957	百梅书屋	湖南湘潭	书画家、篆刻家
周庆云	1866—1933	梅花仙馆	浙江湖州	实业家，富收藏、善诗词书画

（续表）

姓　名	生卒年	斋号室名	籍　贯	主要技能
罗振玉	1866—1940	梅花草堂	江苏淮安（祖籍浙江上虞）	精通金石学、富收藏
王一亭	1867—1938	梅花馆	浙江湖州（生于上海）	工　画
张一麐	1867—1943	古红梅阁	江苏苏州	工诗文辞
李瑞清	1867—1920	玉梅花盦	江西进贤	工书画、诗文
吴昌绶	1867—？	梅祖盦	浙江杭州	藏书家、金石学家、刻书家
丁二仲	1868—1935	十七树梅花山馆	浙江绍兴	工山水、人物、花鸟
王树中	1868—1916	梦梅轩	甘肃皋兰	工　诗
王宾鲁	1869—1921	梅　庵	山东诸城	古琴大师
庄曜孚	1871—1938	六梅室	江苏常州	工画善书
易孺	1872—1941	梅寿盦	广东鹤山	擅甲骨文书法篆刻
张祖廉	1873—？	梅蜷竹亚之居	浙江嘉善	工诗词
梅际郇	1873—1934	小梅庵	四川巴县	工诗词
赵云壑	1874—1955	十泉十梅之居	江苏苏州	工书画、篆刻
陈师曾	1876—1923	鞠（菊）梅双景盦	江西修水	工画、篆刻，善诗文、书法
凌文渊	1876—1944	百梅楼	江苏泰州	工书善画
陈叔通	1876—1966	百梅书屋	浙江杭州	实业家、工书画、富收藏
高旭	1877—1925	万梅花庐、万树梅花绕一庐、一树梅花一草庐	上　海	工　诗

（续表）

姓　名	生卒年	斋号室名	籍　贯	主要技能
廖世功	1877—1955	慕梅室	上　海	工文史
陈　栩	1878—1940	香雪楼	浙江杭州	作　家
汤　涤	1878—1948	画梅楼	江苏常州	工山水梅兰等
高野侯	1878—1952	梅王阁、五百本画梅精舍	浙江杭州	工画、精鉴赏
高　燮	1878—1958	梅花阁、五百本梅花之室	上　海	作家、富藏书
于右任	1879—1964	梅　庭	陕西三原	书　法
黄少牧	1879—1953	问梅花馆	安徽黟县	工书、善篆刻
沈　翰	1880—1967	十二梅花馆	上　海	工山水花卉、尤擅梅竹
梅天傲	1882—？	伴梅馆	江苏无锡	工诗词
傅熊湘	1882—1930	梅笑轩	湖南醴陵	文学家
李国模	1884—1930	吟梅仙馆	安徽合肥	工诗词
王蕴章	1884—1942	梅魂菊影室	江苏无锡	通诗词、擅作小说、工书
徐贯恂	1885—？	梅花山馆	江苏南通	工诗书画、善收藏
夏丏尊	1886—1946	小梅花屋	浙江上虞	出版家、工文史
钱孙卿	1887—1975	梅花书屋	江苏无锡	社会活动家，工文史
王　灿	1889—1933	浮梅槛	上　海	工　诗
陈志群	1889—1962	松竹梅斋	江苏江阴	记　者
朱屺瞻	1892—1996	梅花草堂	江苏太仓	工　画
梅兰芳	1894—1961	梅花诗屋	江苏泰州	京剧大师
吴湖帆	1894—1968	梅景（影）书屋	江苏苏州	工画山水

（续表）

姓　名	生卒年	斋号室名	籍　贯	主要技能
周瘦鹃	1895—1968	寒香阁、梅屋	江苏苏州	作家、园艺学家
陶冷月	1895—1985	双梅花馆	江苏苏州	善画山水梅花
郑逸梅	1895—1992	纸帐铜瓶室、双梅花庵、梅庵、梅龛、双梅龛等	祖籍安徽歙县，生于江苏苏州	作家、文史掌故家
查阜西	1895－1978	古梅书屋	江西修水	古琴演奏家，音乐理论家
陆丹林	1896—1972	霜枫瘦梅居	广东三水	擅长美术评论、工书、熟谙文史
林庚白	1897—1941	梅花同心馆	福建福州	工　诗
钱瘦铁	1897—1967	梅花书屋	江苏无锡	书画篆刻
余空我	1898—1977	冷香簃	安徽歙县	擅长古诗词、好京剧
黄宁民	1899—？	吟梅室	安徽休宁	记者，工摄影
姚竹心	1901—？	盟梅馆	上　海	工诗，著《盟梅馆诗》
石评梅	1902—1928	梅窠	山西平定	作　家
刘光炎	1903—1983	梅隐盦	浙江绍兴	记　者
张孝伯	1904—1983	梅隐阁	安徽凤台	诗人、书画家、古文辞专家
韩登安	1905—1976	玉梅花庵	浙江萧山	工书、善篆刻
王板哉	1906—1994	梅花岭下人家	山东日照	工书画
刘惠民	1907—？	香雪轩	安徽萧县	工书画
李浴星	1909—1976	伴梅阁、梅花书屋	河北丰南	精古琴、工书画、篆刻、诗词

姓　名	生卒年	斋号室名	籍　贯	主要技能
管锄非	1911—1995	寒花馆	湖南祁东	工　画
端木蕻良	1912—1996	梅园、梅影楼	辽宁昌图	作　家
林咏荣	1913—?	友梅轩	福建闽清	工诗、善草书
陈子庄	1913—1976	十二树梅花书屋	重庆永川	工　画
于希宁	1913—2007	劲松寒梅之居	山东潍坊	工诗文歌赋、善画梅
陈俊愉	1917—2012	梅菊斋	安徽安庆	园林花卉专家
黄秋耘	1918—2001	梅　庐	广东顺德	作　家
尤半狂		梅花清梦庐	江苏苏州	作　家
刘鸣玉		梅芝馆	浙江绍兴	工书、善画梅
孙　诒		瓶梅斋	浙江奉化	工诗文
朱冲和		嚼梅盦		精篆刻
陈汝谐		梦梅花馆	浙江象山	工　诗
金正炜		十梅馆	贵州贵阳	工诗文，善书
曹耆瑞		师竹友梅馆	安徽绩溪	徽　商
曾福谦		梅月龛	福建福州	工诗词
舒畅森		问梅山馆	江苏宝应	工　词
俞承禾		梅花馆	江苏常熟	雅工诗，善吟咏
张宝云		梅雪轩	广东中山	诗人，著《梅雪轩全集》
郑由熙		暗香楼	安徽歙县	戏曲作家
叶　子		香雪楼	浙江慈溪	善画梅
郑子褒		梅花馆	浙江余姚	戏曲剧评家

现当代（47）

姓　名	生卒年	斋号室名	籍　贯	主要技能
杨白匋	1921—1995	红梅馆	湖北仙桃	工篆刻
冯其庸	1924—	古梅书屋	江苏无锡	画家、红学家
田　原	1925—	梅雪斋	江苏南京	画家、书法家
陈君励	1925—1984	爱梅庐	广东揭阳	画家、书法家、诗人
孙自敏	1926—	梅仙阁	北　京	画　家
赵俊杰	1926—	松梅斋	山西襄汾	画　家
顾志范	1926—	伴梅阁	江苏无锡	画　家
曹　铭	1926—	梅室、一枝斋	江西新建	画　家
钱大礼	1927—	梅云小屋、缶梅室	江苏无锡	画　家
陈清狂	1929—	真如落梅花楼	浙江绍兴	书法家、散文作家
卓安之	1929—1994	笑梅轩	江西波阳	画　家
洪雪竹	1930—	松梅斋	江苏无锡	书法家
姚　平	1932—2013	寒梅阁	江西兴国	诗人、辞赋家
蒋华亭	1933—	梅兰陋室	山东莒县	书法家
高云霄	1935—	梅影轩	河南长垣	画　家
林仲兴	1938—	梅邻书屋	浙江镇海	书法家
杨克家	1938—	吟梅斋	天　津	书法家
王成喜	1940—	香雪斋	河南尉氏	画　家
李锦昌	1940—	胡须梅园	台湾（客家人，清初祖上由大陆迁往台湾）	弘扬梅文化社会活动家

（续表）

姓　名	生卒年	斋号室名	籍　贯	主要技能
王勇智	1941—	冷香斋	河南扶沟	官　员
方　胜	1941—	梅洁书屋	山西五台	篆刻家
李国庆	1941—	梅屋、梅坞	河北肃宁	画　家
任寒秋	1942—	梅云草堂	江苏武进	画　家
周长海	1942—	梅　屋	江苏徐州	画　家
袁道厚	1944—	闻梅楼	浙江桐乡	书法家
严太平	1945—	伴梅居	湖北孝感	书法家
曹明华	1945—	梅花书屋	浙江平湖	画　家
何　崝	1947—	十二梅花吟馆	四川成都	书法篆刻
马兴斌	1948—	梅雪斋	陕西西安	书法家
康金成	1948—	古梅轩	甘肃武山	画　家
李敬寅	1949—	梅雪村	陕西永寿	书画家、诗人
吕雪冰	1949—	寒香斋	安徽来安	画家、书法家
孙鸿璋	1949—	梅石斋	江苏无锡	书法家
斯舜厚	1950—	青梅草堂	浙江诸暨	书法家、教师
陈仲明	1953—	梅花堂	江苏泰兴（斋号在南京）	书法家
王春亭	1954—	梅石居	山东沂水	教　师
苏万顺	1954—	松梅斋	北　京	书法家
卓国镇	1956—	寒香阁	江西波阳	画　家
王庚昕	1958—	爱梅轩	江西新余	画　家
程风子	1962—	问梅堂	安徽阜南	书法家
柴立梅	1964—	梅　斋	安徽蚌埠	书法家

（续表）

姓　名	生卒年	斋号室名	籍　贯	主要技能
王　玺	1966—	咏梅斋	陕西旬阳	书画家
胡正好	1968—	梅影堂	重庆璧山	书法家
潘平强	1968—	梅　庐	浙江天台	画　家
薛卫林	1969—	梅鹤草堂	天津宝坻	书法家
潘伟城	1970—	三梅堂	安徽利辛	书法篆刻
刘从明	1976—	梅花书屋	山东郯城	书法家

附录二　我的梅园——雪山梅园

雪山梅园坐落在沂水风景秀丽的雪山风景区，2000 年春始建。

雪山梅园以梅文化为核心，以梅文化石刻艺术为主要特色，建有"百梅图"石刻长廊、咏梅诗词碑廊、咏梅对联影壁、五福亭、知春亭、摽梅亭、踏雪桥、冷香桥、暗香浮动榭、坐中几客轩、玉照堂（梅文化展厅）、梅石居等，初步形成了素洁淡雅、古朴清丽的江南园林风格，素有"江北留园"之美誉。

"百梅图"石刻长廊内，镶嵌了历代（宋、元、明、清以至现当代）百位画家的 100 幅画梅精品。这些作品千姿百态，风格迥异。如扬无咎的清意逼人，王冕的超逸，文徵明的清丽高古，陈继儒的洒脱自在，八大山人的冷隽，金农的清奇，李方膺的淡雅，吴昌硕的古朴拙劲，等等。将如此众多的画梅精品雕刻到花岗岩板材上，这在中国各大赏梅名园中尚无先例，在世界梅文化史上也占据重要的地位，此成果于 2001 年 8 月被上海大世界基尼斯总部确认为"大世界基尼斯之最"。

咏梅诗词碑廊内共镶嵌咏梅诗词石刻 79 首，其中古代咏梅诗词 50 首，现当代咏梅诗词 29 首，主要由当代书法家书写。这些咏梅诗词对梅花的神、韵、色、香、姿等方面进行了细致、生动的描写，具有较高的艺术审美价值。

梅园内的"梅溪春浓"景点，或俯或仰，或高或低，或聚或散，或大或小地点缀着数十方镌刻在园林观赏石上的梅文化印章，这些印章主要选自明、清以及现当代著名篆刻家的作品，如齐白石的"知我只有梅花"、吴熙载的"画梅乞米"、丁敬的"梅竹吾庐主人"、徐三庚的"梅隐"、杨澥的"梅花似我"、韩天衡的"梅花草堂"、程与天的"梅香四海"、沙孟海的"愿与梅花共百年"等，既有石头的自然美，又有金石篆刻所特有的残破古朴美，令人流连忘返。

咏梅对联影壁上镶嵌了 30 余副咏梅对联。对联主要选自宋朝以来著名书法家的咏梅对联墨宝，如米芾、黄易、何绍基、郑板桥、陈鸿寿、伊秉绶、于右任、弘一法师等，这些书法作品，篆、隶、楷、行、草各体具备，且极具艺术个性。他们的艺术风格，或工整秀气，或自由自在，或清新自然，或金石意趣，给人们留下了深刻而美好的印象。

由于梅园在梅文化石刻艺术方面的突出成绩，2004 年春，经中国花卉协会梅花蜡梅分会批准，"中国梅文化石刻艺术研究中心"在雪山梅园成立。中国工程院资深院士、国际梅品种登录权威、中国花卉协会梅花蜡梅分会原会长陈俊愉先生为该中心题写了匾牌。

梅园现栽培梅花品种 70 余个，2000 余株。每年春天花开时节，赤者，红英灼灼；朱者，丹霞一片；绿者，翠英点点；白者，婀娜多姿。满园梅花姹紫嫣红，暗香浮动，吸引着众多游客前来踏青赏梅。

盆景园内近 1000 盆梅花盆景，源于自然，高于自然，其造型有附石式、水旱式、风吹式、提根式、写意式等，或虬屈似铁，或婀娜多姿，或小巧玲珑，或古朴拙劲，宛如立体诗画，意蕴深远。

雪山梅园已成为人们节假日休闲娱乐的好去处，随着今后的建设与发展，雪山梅园必将成为中国江北地区的赏梅胜地和亮丽的梅文化中心。

雪山梅园组图

雪山梅园大门

五福亭

知春亭

坐中几客轩

摽梅亭

暗香浮动榭

冷香桥

梅石居

玉照堂

玉照堂内梅花盆景

玉照堂内书画笔会

咏梅楹联影壁

百梅图石刻长廊

魅力

琴曲悠扬

春色满园

怒放幽香

俏不争春

留住瞬间

五福亭边

梅园雪景之一

梅园雪景之二

梅园雪景之三

梅园雪景之四

梅园雪景之五

梅园雪景之六

梅园雪景之七

梅园雪景之八

附录三 雪山梅园记

　　余与王君春亭兄为挚友，向知其自幼爱梅，情有独钟，恒以梅格以自励；名中之春，暗喻梅之报春；而亭者，停也，亦人所停集也，岂不契合苑囿乎？夫人陈明芝、女儿王誉桦亦爱梅，真乃志同道合焉。然更巧合者，其兄弟姓名中皆有亭字，筑、构、雕、绘又各具所长；春亭素研梅文化至精微，又常之江南园林以细究，立志冶园以弘之，久筹建园之事。庚辰年，于沂城东郊雪山之南麓租地五十亩，特邀济南市园林设计院崔家新先生论证设计，集王氏家族之智、财、力以建，老母、兄弟亲手施工，寒来暑往，苦作不辍，四年方竣，名之曰"雪山知春梅园"。甲申年春月经中国花卉协会蜡梅分会批准，"中国梅文化石刻艺术研究中心"在此园成立，匾牌为中国工程院原资深院士、国际梅品种登录权威陈俊愉先生所题也。

　　园以梅为主，露地栽培千余株，盆景近千盆，品种八十余个；每至早春，红葩灼灼，翠英点点，顿成香雪海焉，为江北赏梅胜地也；又植松竹以辅之，四季碧绿，生机盎然；主体建筑十余处，皆黛瓦、白墙、棕柱，素洁淡雅、古朴清丽，堪以"江北留园"誉之也。涉梅诗书画印之石刻巧布其间，又为梅文化研究之基地也。

　　园成翌年春日，春亭兄邀余游园并导焉。进入大门，即见地面卵石铺成一图，图中一朵巨大梅花，花瓣之上各伏一蝙蝠，意为"梅

献五福"也。图西则是毛泽东《卜算子·咏梅》手书影壁；以此为
障景，匠心别于它园也。往南行，路边为单粉垂枝梅花。经"三友
路"，至百梅图石刻长廊；廊长一百三十余米，镶嵌历代百位画家
之百幅梅图，因其首创，二零零一年被上海大世界基尼斯总部确认
为"大世界基尼斯之最"。出廊中段至一长曲桥，为踏雪桥也，桥
下水池名雪花池。循桥北行，见一水榭，"暗香浮动"榭也，取意
于林逋之诗意也。及至"月下赏梅"组景，则见一座双亭，名曰摽
梅亭，意取《诗经·摽有梅》也，因其双六角，故亦称鸳鸯亭焉。
继之前行，步"和美路"也，因摽梅亭四周遍植"美人梅"，路以
卵石铺设荷梅图案，取其音而名之也。过冷香桥，至五福亭。此亭
梅花状，仙鹤宝顶，环植以红梅、青松，寓意梅开五福、松鹤延年。
亭内藻井刻五福，中央刻梅花女神也。右行经坐中几客轩，至"香
雪凝云"景区，其主体建筑为知春亭也；环亭开以"流杯渠"，可
仿兰亭"曲水流觞"之雅兴也。亭北景墙镶嵌咏梅对联三十余副，
皆选历代名家之墨宝。自知春亭东南行至"福寿路"，路东为水溪，
溪两岸组成"梅溪春浓"景区；区内俯仰聚散缀以数十方咏梅印谱
刻石，皆为明清以降名家之篆刻也。路西侧则植玉蝶形梅花与蜡梅
数十株。过"冰姿""玉质"梅花月洞门，即至梅石居，有联云："陋
室格隆石圣拜，高朋韵雅暗香来。"居前立《梅石居记》之石刻也。
东临玉照堂；因堂南植绿萼梅两株，花必晶莹剔透，冰清玉洁，冷
艳照人，故名。此堂辄用以布展梅花盆景、咏梅字画、《梅品》刻
石及其它涉梅文化艺术品也。堂前抱柱联云："为天地布芳馨，栽
梅花万株；与众人同游乐，开苑囿空山。"循园东墙南行，经咏梅
诗词碑廊，廊内尽镶名家所书咏梅诗词墨宝石刻。经"四君子"路，
旋至园正门也。

　　余出大门，回望春亭兄立于"梅献五福"卵石铺图之上，笑而

向余挥手,身影映于毛泽东咏梅词手书影壁,遂成梅园点睛之观矣;余顿感主人犹似一株梅花,格高韵胜,俏而报春,悄然馈福,待到客人载福而归,方自慰也;噫,若问春亭兄之福何也?其必曰:"山花烂漫而后笑,予人五福为己福矣。"此乃其建园之旨也。

东泰山人武传法撰,荆山樵夫刘汉文书。

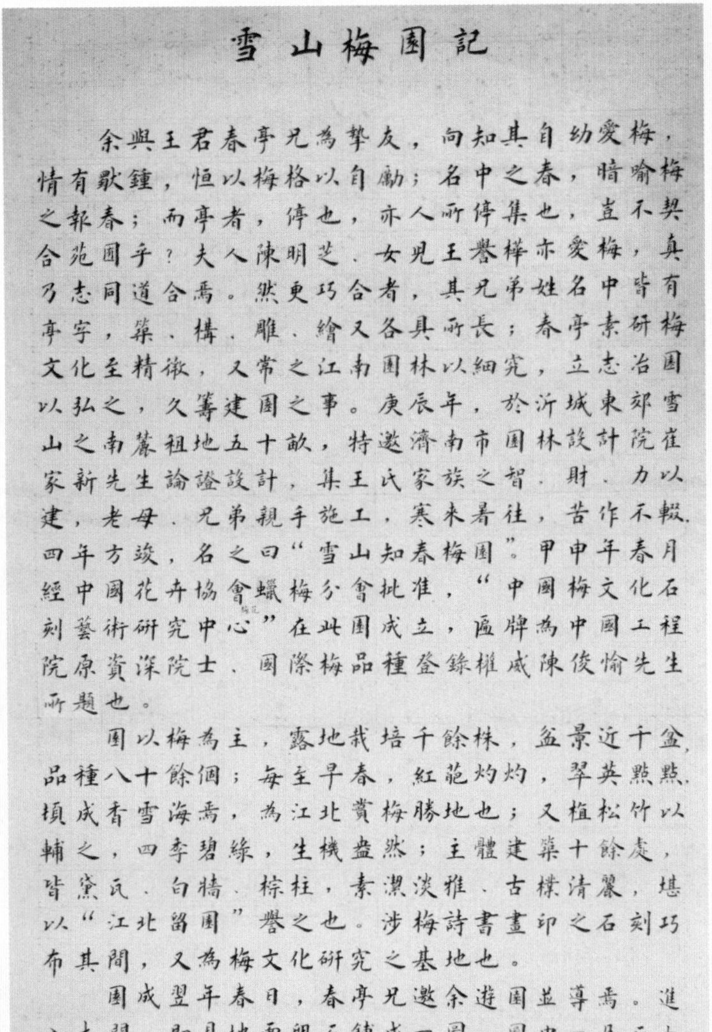

雪山梅園記

余與王君春亭兄為摯友，向知其自幼愛梅，情有獨鍾，恒以梅格以自勵；名中之春，暗喻梅之報春；而亭者，停也，亦人所停集也，豈不契合苑園乎？夫人陳明芝、女兒王譽樺亦愛梅，真乃志同道合焉。然更巧合者，其兄弟姓名中皆有亭字，築、構、雕、繪又各具所長；春亭素研梅文化至精微，又常之江南園林以細究，立志治園以弘之，久籌建園之事。庚辰年，於沂城東郊雪山之南纂租地五十畝，特邀濟南市園林設計院崔家新先生論證設計，集王氏家族之智、財、力以建，老母、兄弟親手施工，寒來暑往，苦作不輟。四年方竣，名之曰“雪山知春梅園”。甲申年春月經中國花卉協會梅花蠟梅分會批准，“中國梅文化石刻藝術研究中心”在此園成立，匾牌為中國工程院原資深院士、國際梅品種登錄權威陳俊愉先生所題也。

園以梅為主，露地栽培千餘株，盆景近千盆，品種八十餘個；每至早春，紅花灼灼，翠英點點，頓成香雪海焉，為江北賞梅勝地也；又植松竹以輔之，四季碧綠，生機盎然；主體建築十餘處，皆黛瓦、白牆、棕柱，素潔淡雅、古樸清馨，堪以“江北留園”譽之也。涉梅詩書畫印之石刻巧布其間，又為梅文化研究之基地也。

園成翌年春日，春亭兄邀余遊園並導焉。進入大門，即見地面卵石鋪成一圖，圖中一朵巨大梅花，花瓣之上各伏一蝙蝠，意為“梅獻五福”也。圖西則是毛澤東《卜算子·詠梅》手書影壁；以此為障景，匠心別於它園也。往南行，路邊為單粉垂枝梅花。經“三友路”，至百梅圖石刻長廊；廊長一百三十餘米，鑲嵌歷代百位畫家之百幅梅圖，因其首創，二零零一年被上海大世界基尼斯總部確認為“大世界基尼斯之最”。出廊中段至一長曲橋，為踏雪橋也，橋下水池名雪花池。循橋北行，見一水榭，“暗香浮動”榭也，取意

刘汉文书《雪山梅园记》

于林逋之诗意也。爰至"月下赏梅"组景，则见一座双亭，名曰摽梅亭，意取《诗经·摽有梅》也，因其双六角，故亦称鸳鸯亭焉。继之前行，步"和羹路"也，因摽梅亭四周遍植"美人梅"，路以卵石铺设荷梅图案，取其奇而名之也。遇冷香桥，至五福亭此亭梅花状，俨鹤顶丹，环植以红梅、青松，寓意梅开五福、松鹤延年。亭内藻井刻五福，中央刻梅花女神也。右行经坐中几客，至"香雪凝云"景区，其主体建筑为知春亭也；环亭开以"流杯渠"，可仿兰亭"曲水流觞"之雅兴也。亭北景墙镶嵌咏梅对联三十余副，皆选历代名家之墨宝。自知春亭东南行至"福寿路"，路东为水溪，溪两岸组成"梅溪春浓"景区；区内俯仰聚散缀以数十方咏梅印谱刻石，皆为明清以降名家之篆刻也。路西侧则植玉蝶形梅花与蜡梅数十株。过"冰姿""玉质"梅花月洞门，即至梅石居，有联云："陋室格隆石圣拜，高朋韵雅暗香来"。居前立《梅石居记》之石刻也。东临玉照堂；因堂南植绿萼梅两株，花必晶莹剔透，冰清玉洁，冷艳照人，故名。此堂辄用以布展梅花盆景、咏梅字画、《梅品》刻石及其它涉梅文化艺术品也。堂前抱柱联云："为天地布芳馨，栽梅花万株；与众人同游乐，开花圃空山。"循围东墙南行，经咏梅诗词碑廊，廊内尽镶名家所书咏梅诗词墨宝石刻。经"四君子"路，旋至园正门也。

余出大门，回望春亭兄立于"梅献五福"卵石铺圆之上，笑而向余挥手，身影映于毛泽东咏梅词手书影壁，遂成梅园点睛之观矣；余顿感主人猶似一株梅花，格高韵胜，俏而报春，悄然馈福，待到客人载福而归，方自慰也；噫，若问春亭兄之福何也？其必曰："山花烂漫而后笑，干人五福为己福矣。"此乃其建园之旨也。

东泰山人武传法撰，荆山樵夫刘汉文书。

刘汉文书《雪山梅园记》

主要参考书目

商承祚、黄华编：《中国历代书画篆刻家字号索引》（上、下），人民美术出版社 2002 年版。

池秀云著：《历代名人室名别号辞典》，山西古籍出版社 1998 年版。

杨廷福、杨同甫编：《清人室名别称字号索引》（上、下），上海古籍出版社 2006 年版。

杨廷福、杨同甫编：《明人室名别称字号索引》（上、下），上海古籍出版社 2002 年版。

陈玉堂编：《中国近现代人物名号大辞典》，浙江古籍出版社 2005 年版。

吴十洲著：《百年斋号室名撷谈》，百花文艺出版社 2006 年版。

甘桁著：《斋名集观》，汉语大词典出版社 2005 年版。

朱亚夫编著：《名家斋号趣谈》，江西美术出版社 2005 年版。

斯舜威编著：《名家题斋》，西泠印社出版社 2006 年版。

杜产明、朱亚夫编著：《中华名人书斋大观》，汉语大词典出版社 1997 年版。

佘德余著：《都市文人——张岱传》，浙江人民出版社 2006 年版。

俞国林著：《天盖遗民——吕留良传》，浙江人民出版社 2006 年版。

王振羽著：《梅村遗恨——诗人吴伟业传》，江苏教育出版社2006年版。

李宗邺著：《彭玉麟梅花文学之研究》，商务印书馆1935年版。

彭玉麟著，梁绍辉等整理：《彭玉麟集》，岳麓书社2003年版。

贾越云著：《画家管锄非》，中国戏剧出版社2003年版。

崔莉萍著：《江左狂生——李方膺传》，上海人民出版社2001年版。

南通市政协文史编辑部编：《梦游梅花楼》，百花文艺出版社1995年版。

章涪陵、张纫慈著：《世纪丹青——艺术大师朱屺瞻传》，上海三联书店1990年版。

南通市政协学习、文史委员会编：《张謇的交往世界》，中国文史出版社2011年版。

杨国桢著：《林则徐大传》（插图本），中国人民大学出版社2010年版。

刘永涛著：《齐白石》，山西教育出版社2006年版。

李定一、陈绍衣编著：《熔冶古今书法的一代宗师李瑞清》，海峡文艺出版社2003年版。

李瑞清著，段晓华点校整理：《清道人遗集》，黄山书社2011年版。

闵卓著：《梅庵史话——东南大学百年》，东南大学出版社2000年版。

汪超宏著：《姚燮年谱》，中国社会科学出版社2011年版。

姚燮著，周劢标点：《复庄诗问》，上海古籍出版社1988年版。

林姝著：《〈大梅山馆诗意图〉研究》，故宫出版社2013年版。

李瑞清等主编：《魏燮均学术研讨会论文集》，辽海出版社

2013 年版。

魏燮均撰，毕宝魁校注：《九梅村诗集校注》（上、下），辽海出版社 2004 年版。

周瘦鹃著：《拈花集》，上海文化出版社 1983 年版。

郭长海、金菊贞编：《高旭集》，社会科学文献出版社 2003 年版。

姚昆群、昆田、昆遗编：《姚光全集》，社会科学文献出版社 2007 年版。

王冕著，张堃选注：《王冕诗选》，浙江文艺出版社 1984 年版。

戴小京著：《画坛圣手——吴湖帆传》，上海书画出版社 2002 年版。

张志民著：《徐渭》，山西教育出版社 2006 年版。

北仑区文史资料委员会、镇海区文史资料委员会编：《姚燮研究》（内部资料，2002 年印刷）。

王韬著：《漫游随录》，社会科学文献出版社 2007 年版。

顾平著：《萧云从》，河北教育出版社 2006 年版。

郑秉珊著：《吴镇》，上海人民美术出版社 1982 年版。

嘉善县政协文史委等编：《嘉善文史资料——纪念吴镇诞辰七百十周年专辑》（第五集）（内部资料，1990 年印刷）。

于希宁著：《论画梅》，山东教育出版社 1989 年版。

王圻、王思义编集：《三才图会》，上海古籍出版社 1988 年版。

郑逸梅著：《郑逸梅选集》（1～5 卷），黑龙江人民出版社 1990～2001 年版。

政协杭州市西湖区委员会编：《西湖寻梅》，浙江人民出版社 2009 年版。

姚平著：《姚平文存》（全 5 册），国际炎黄文化出版社 2006 年版。

颜剑明著：《水韵洲泉》，浙江人民出版社 2013 年版。

陈继儒著，牛鸿恩等选注：《陈继儒小品文选注》，首都师范大学出版社 2010 年版。

钟惺著，陈少松选注：《钟惺散文选集》，百花文艺出版社 1997 年版。

朱升撰，刘尚恒校注：《朱枫林集》，黄山书社 1992 年版。

朱江著：《扬州园林品赏录》，上海文化出版社 1984 年版。

傅晓渊编撰：《梅岭课子图》，西泠印社出版社 2008 年版。

于希宁著：《于希宁诗草》，荣宝斋出版社 1996 年版。

李敬寅著：《梅花赋》，太白文艺出版社 2008 年版。

后 记

早在 2008 年秋，笔者就写成《中国历代名人咏梅斋号撷趣》书稿，当时还请中国工程院院士、国际梅品种登录权威、中国花卉协会梅花蜡梅分会会长陈俊愉先生写了序言，但由于事后感觉该书稿内容浅显，资料单薄，故未联系出版。

后来，笔者在编写《历代名人与梅》的过程中，又涉及咏梅斋号这个题材。在外出考察、积累资料期间，笔者发现有许多著名斋号尚保存完好，并仍在发挥着重要的文化传承作用，但也发现有众多知名斋号早已或正在消失。笔者一方面为这些保存完好的斋号而高兴，另一方面为早已消失的斋号而惋惜。因为这些斋号折射着斋号主人的思想境界、精神追求和兴趣爱好，是他们世界观、人生观、道德观、价值观的反映和集中体现，斋号就像座右铭、家训、信条、戒律、格言、警句一样，一度规范、约束着斋号主人的思维方式和行为习惯，使其成为对社会有用的人、对时代有益的人、对历史有功的人。这些斋号简明扼要，生动传神，意境深远，透露着鲜活而旺盛的生命意蕴，可以启迪人、教育人、感染人，是我们中华民族优秀而珍贵的文化遗产。因此，我们有责任对此加以调研、考证、整理、保护、激活和弘扬，使其与时俱进，永不磨灭。

于是，笔者就在《历代名人与梅》书稿交出版社后，马上转入了这一新的研究课题。

《咏梅斋号考略》是在原来书稿的基础上，又加上近几年的考察、研究成果完成的。

本书稿在写作过程中，得到了诸多专家、学者、友人和家人的大力支持。

2010年2月22日下午，笔者到杭州西溪考察冯梦祯的二雪堂时，当时天色已晚，担心当天完不成此项任务。恰巧，在杭州西湖高级中学（永兴寺二雪堂遗址在此）门口，遇到了该校教英语的黄丹老师。说明来意后，黄老师热情地边介绍有关情况，边到学校办公室拿了一本校园景观课本送给笔者（其中有许多永兴寺的故事），使笔者能在天黑之前较顺利地完成了此次考察任务。至今想起来仍心存感激。

2013年11月5日，笔者到辽宁铁岭考察魏燮均的梦梅轩、香雪斋时，因时间较紧，当时只拜访了铁岭魏燮均研究会会长于景颁先生，未能与铁岭年轻学者范君先生面谈请教。后来笔者与范先生取得联系后，范先生多次为笔者提供帮助，先是寄来了《九梅村诗集校注》，后又通过邮箱发来魏燮均故居遗址及其后裔在此建造的旧居图片等珍贵资料，还数次在电话中解答笔者研究中的疑惑等，为笔者进一步了解、掌握大量第一手材料提供了有力支持。

2014年6月9日，笔者到湖南湘阴考察陈迪南百梅书屋时，首先得到了该县政协文史委员会主任易筱武先生的热情接待。当日易先生放下手头工作，亲自开车跑了一天，直到圆满完成任务，将笔者送上开往长沙的汽车才返回。这期间，易先生还根据笔者的需要，主动介绍当地甚至外地市与此次考察内容有关的历史文化名人、历史典籍等，此情此举，笔者深深感激。陈迪南后裔、湘阴宣传部门退休干部陈实槐先生，当日不仅与笔者一起到陈迪南故里走访其后人，实地考察百梅书屋遗址、遗迹，后来还根据有关史料，两次亲自绘制百梅书屋示意图给笔者寄来。

　　2014年7月9日上午，笔者到浙江诸暨考察傅岱的守梅山房时，诸暨三国梅园经理陈树茂先生已在宾馆等候。为了能看到与守梅山房有着密切联系的《梅岭课子图》，我们先去拜访了诸暨市审计局局长陈伯永先生（陈树茂同学），通过陈局长跟诸暨市档案局取得了联系。在档案局看到《梅岭课子图》后，笔者兴奋地用相机拍摄着里面的珍贵图片。当时带笔者到书库的档案局副局长张立群先生念及笔者从山东远道而来，与局长杨国忠先生商定后，决定送笔者一套《梅岭课子图》，笔者喜出望外，激动不已。

　　2014年10月15日，笔者到江苏扬州考察马曰琯、马曰璐的梅寮时，先到扬州市政协文史委请求帮助，并想顺便了解一下该市宝应县清康熙状元王式丹（罢官后曾侨居扬州）的十三本梅花书屋，准备下一站到宝应去。扬州市政协文史委主任方晓伟先生在与宝应县政协联系时得知，王式丹第十一世孙、宝应县政协文史委副主任王强先生对王式丹等历史文化名人颇有研究，而且其本人当时就在扬州市里，笔者真是喜出望外。下午笔者与王强先生取得联系后，本打算晚上（王先生下午有事情要做）登门拜访，可王先生说他地理熟，执意要到笔者下榻的宾馆交谈。晚上6点多，王先生骑车赶到梅花岭畔的格林豪泰宾馆，我们交谈了两个多小时。那天晚上，王先生还带来了《王式丹年谱》等近十种书籍，让笔者翻阅、了解、拍照。后来，王先生又通过电子邮箱发来有关王式丹十三本梅花书屋的诗作、书法、旧居图片，还寄来了自己撰写的《与尔结同心　萧然自履素——清代状元王式丹咏梅、爱梅的传奇佳话》一文。而就在本书稿即将付梓的前几天，王强先生又电话告知笔者，当年禹之鼎为王式丹所画《十三本梅花书屋图》已现身拍卖场（在此之前一直未见此图），让笔者及时了解有关情况等，为笔者进一步研究王式丹十三本梅花书屋的由来、变迁和现状等提供了有力依据。

　　另外，在考察中，笔者还得到了辽宁铁岭，安徽休宁、黟县、芜湖，江苏南京、昆山、太仓、无锡、宝应、扬州、常州、南通、常熟、泰州，上海嘉定，浙江杭州、诸暨、湖州、嘉善、绍兴、嘉兴、桐乡，湖南衡阳、湘阴、祁东，福建福州、泉州，云南昆明等市、县、区政协文史委或地方志办公室的大力支持，在此表示诚挚的谢意。

　　挚友武传法、刘海洲先生，作为第一读者通读了书稿，并提出了许多宝贵的意见。沂水县政协文史委主任王成生先生为笔者外出考察提供了诸多的帮助。张仕恩先生拍摄了书稿所需的许多图片。时相勤先生为书稿中引用的部分书法作品进行了辨别。夫人陈明芝为本书题写了书名，女儿王誉桦一如既往地通过各种渠道，帮助搜集选购有关图书资料等。笔者在此一并表示深深的感谢。

　　陈俊愉先生健在时身体力行，鼓励后学，非常关心梅文化建设。本书付梓出版，笔者特意将陈先生 2008 年为《中国历代名人咏梅斋号撷趣》（即《咏梅斋号考略》初稿）所写序言一并刊出，借以表示对陈先生的感激之情和深深的怀念！

　　中国农业大学教授、中国花卉协会梅花蜡梅分会副会长刘青林先生在百忙之中为本书作序，笔者备受鞭策与鼓舞。

　　本书责任编辑对书稿给予了倾心指导和热情帮助，在此表示衷心的感谢。

　　书稿参考借鉴了许多专家学者的研究成果，谨表由衷谢忱！

　　笔者因水平和条件所限，尽管做了大量工作，但书中尚有许多不尽如人意的地方，甚至还会有错误之处，敬请各位读者、专家、同仁不吝赐教。

王春亭

2015 年 7 月 6 日于雪山梅园梅石居